数字经济创新驱动与技术赋能丛书

人与数据

协同驱动业务变革

[美] 托马斯·C. 雷德曼 著
（Thomas C. Redman）

吴志刚 车春雷 刘晨 李天池 吴晨辰 郭星 译

PEOPLE AND DATA
UNITING TO TRANSFORM YOUR BUSINESS

机械工业出版社
CHINA MACHINE PRESS

本书是一本创新性的探索之作，包括 3 部分 10 章内容，探讨了非数据专业人士与数据之间的关系，以及这种关系如何促进组织的成功。

本书详细解释了企业如何通过将数据融入业务的各个方面，包括结构、文化和员工配置，来激活数据的力量。通过这种方式，组织内的所有层级员工都能够运用数据洞察力来改善业务表现。本书揭示了多数企业尚未充分利用数据带来的价值这一现状，阐述了提高数据质量为何应当成为企业的首要任务，如何解决部门间壁垒等阻碍因素，以及如何提升整个员工队伍的能力，从而最大化地发挥企业数据的价值。

书中充满了实用的建议和技巧，配备的资源中心包括 8 种工具和一套用于员工培训的课程大纲，能够帮助企业利用数据实现商业目标，并提升员工技能，确保每个人都能从数据的力量中获益。

本书内容丰富，理论和实践相结合，可读性强，兼具启发性与实用性，可作为数据治理、信息技术、数据分析等领域人员的参考书，对于那些希望让企业的人员和数据达到最佳状态却又不知从何做起的人而言，本书更是必读之选。

People and Data: Uniting to Transform Your Business
by Thomas C Redman
© Thomas C Redman, 2025

This translation of People and Data is published by arrangement with Kogan Page.
Simplified Chinese Translation Copyright © 2025 China Machine Press. This edition is authorized for sale in the Chinese mainland (excluding Hong Kong SAR, Macao SAR and Taiwan).
All rights reserved.

此版本仅限在中国大陆地区（不包括香港、澳门特别行政区及台湾地区）销售。未经出版者书面许可，不得以任何方式抄袭、复制或节录本书中的任何部分。
北京市版权局著作权合同登记　图字：01-2024-4504 号。

图书在版编目（CIP）数据

人与数据：协同驱动业务变革 /（美）托马斯·C.雷德曼（Thomas C. Redman）著；吴志刚等译. -- 北京：机械工业出版社, 2025.5. --（数字经济创新驱动与技术赋能丛书）. -- ISBN 978-7-111-78424-1
Ⅰ.F272.7
中国国家版本馆 CIP 数据核字第 20257L3Y25 号

机械工业出版社（北京市百万庄大街 22 号　邮政编码 100037）
策划编辑：王　斌　　　　　　　责任编辑：王　斌　马新娟
责任校对：孙明慧　马荣华　景　飞　　责任印制：邓　敏
河北京平诚乾印刷有限公司印刷
2025 年 7 月第 1 版第 1 次印刷
148mm×210mm · 5.875 印张 · 167 千字
标准书号：ISBN 978-7-111-78424-1
定价：59.90 元

电话服务　　　　　　　　　　网络服务
客服电话：010-88361066　　　机 工 官 网：www.cmpbook.com
　　　　　010-88379833　　　机 工 官 博：weibo.com/cmp1952
　　　　　010-68326294　　　金　书　网：www.golden-book.com
封底无防伪标均为盗版　　　　机工教育服务网：www.cmpedu.com

致南希

以及我们不断的冒险

赞誉

根据我自己数十年与组织合作消除数据相关障碍和制定数据驱动战略的经验,我非常认同托马斯·雷德曼以人为本的指导方针。他正在做一件非常重要的事情。如果您将他所建议的以人为本的原则内化并采取行动,毫无疑问,您将加速并扩大数据对业务的影响。

泰德·弗里德曼,Gartner 前分析师和行业思想领袖

任何组织要想在 21 世纪取得成功,都需要人与数据。此外,正如托马斯·雷德曼在此解释的那样,当这两个元素结合在一起,并且当数据的好处扩展到组织中的每个人时,您就可以改变您的业务。无论您是领导者、经理还是员工,或者您从事人力资源、财务、运营或营销工作,我衷心建议您阅读本书。

大卫·格林,《卓越的人力资本分析》合著者、Insight222 的管理合伙人以及数字人力资源领导者播客的主持人

本书对组织如何释放"真正的人"来共同努力、一劳永逸地解决数据质量问题提供了深刻的见解和建议。我们都可以从托马斯·雷德曼的乐观态度和经验中受益。

玛丽亚·维拉尔,SAP 公司企业数据战略和转型主管

本书是许多数据经理和高管所需的、能激励他们采取行动的催化

剂。当今世界是由数据驱动的，但是正如托马斯·雷德曼提醒我们的那样，如果数据很糟糕（输入的是垃圾），那么结果也是如此（输出的也是垃圾）。托马斯维护高质量数据的解决方案不在于技术，而在于人——他们如何组织，承担什么任务，创造什么文化，以及如何激励、晋升和培训。他探索了建立世界一流数据组织的各个方面。

特蕾莎·库什纳，NTT Data 北美创新中心前主管

托马斯·雷德曼擅长将复杂的数据世界简化，使其易于理解和改进。他指出：数据主要是一个人际问题，必须被视为一项团队活动。在这本新书中，雷德曼带来的解决方案强调了组织内部和组织之间的普通员工如何在高层领导的指导下共同努力，最终解决这个代价高昂且看似无穷无尽的难题，而不再需要在数据的边缘观望。

托马斯·昆茨，壳牌前下游业务数据经理

一个组织的能力和成果是其员工的素质、参与度，以及组织内部体系、架构、流程和文化质量的产物。本书提供了务实的指导，以便您可以利用数据作为竞争优势来实现您的使命。

鲍勃·帕勒莫，壳牌前卓越绩效部副总裁

本书是一位世界领先的数据思想家和实践者成就的非凡著作。每个专业人士，无论其头衔中是否包含"数据"一词，都应该阅读托马斯·雷德曼的书，并从他作为"数据医生及数据博士"（Data Doc.）25 年来积累的经验中学习并获益。

安妮·玛丽·史密斯，亚拉巴马州扬基系统有限责任公司

这是一本实用、易于阅读且充满轶事的指南，指导管理者如何在组织内释放数据的力量。这本书重点讨论了人在使数据成为具备竞争优势的有效资源方面经常被忽视却极为重要的作用。

拉古南丹·梅农，科威特海湾银行前代理副首席执行官

如果没有高素质的人才在高质量数据的推动下做出高质量的决策，就不可能有高质量的成果。本书中，托马斯·雷德曼提供了通过高质量数据实现业务大幅增长的案例、路线图和工具。俗话说，管人、管钱、管方向。托马斯向我们展示了如何领导普通员工团结起来成功管理数据和信息技术这一独特资产的明智方法。好运眷顾勇敢者——所以请阅读本书，勇敢地领导以实现持续的业务增长。

罗伯特·鲍特克，SOAR 公司，创始人兼领导力教练

序

那是1996年,我刚刚参与一个旨在提高我所在组织的参考数据平台"质量"的项目。我很快意识到我对这项任务准备不足,我之前曾在美国陆军任职,也曾在一家小型资产管理公司担任过各种职务,某种程度上一直是在财务运营的岗位上,目标是实现"数据质量"——那时我甚至不知道这个概念的存在。

我常说,人生有时凭智慧,有时全靠运气。就我从事分析工作的职业生涯而言,纯粹是运气和偶然。项目进行几周后,我遇到了一个名叫托马斯·C.雷德曼的人,他最近被我的公司聘用,负责提供数据质量方面的一般咨询服务——我对这个话题一无所知。有人派我去找他,或许,是他来找的我。

我以为,在我们第一次会面时,这位"数据质量"顾问会问我很多关于数据结构、格式和来源的问题。但托马斯没有谈论这些。距离第一次与托马斯会面已经过去了25年,我永远不会忘记他那天问我的一个简单问题:"谁是你的数据客户?"我记得我当时觉得这家伙疯了。客户是为产品和服务付费的人。我以前从未在这种背景下考虑过他们。但托马斯仍以他温和而坚定的方式坚持。会议结束时,虽然我不会说我已经是他的信徒了,但我确实很感兴趣,希望继续交谈。接下来的一年,我会和托马斯一起工作。说实话,我觉得自己就像是现代的学徒,而他是我的老师。一路走来,我发现托马斯提出的一些简单技巧——过程改进、明确的责任、监督委员会、质量指标等确实有效。更好的是，它们的成本并不高，也不需要大量的技术投资（但你确实需要开放的心态！）。

托马斯告诉我，数据不仅与数据有关，还与人、如何构建组织以及实施的流程有关，需要建立业务的横向协同视图并打破组织孤岛，数据还与领导力和文化有关。但最重要的是（正如托马斯在我们第一次见面时提醒我的那样），数据是关于"客户"的。除非你弄清楚那是谁，弄清楚他们需要什么，确定"符合目的"对他们的数据需求意味着什么，否则你不应该花一毛钱。

托马斯是我在数据和分析领域的第一位真正的导师。虽然最近人们可能会认为我是生成式人工智能、机器学习和其他形式分析领域的思想领袖，但我强烈认为，如果没有明确的定义、高质量、一致和可访问的数据，这一切都是不可能的。托马斯25年前就教了我这一点，对此我从那时起一直铭记于心。

我遇见托马斯几年后，我告诉他，他的思想可能领先于他的时代几十年。我是对的。大多数组织都难以理解其数据的价值，并难以全面解决阻碍数据释放价值的问题。

好吧，恭喜你，托马斯。这个世界正在逐渐跟上你的思路，而在如今这个数据和分析主导的时代，你的思想比以往任何时候都更加契合这个时代的发展。

我希望你喜欢托马斯的书，并鼓励你尝试践行他分享的一些理念。这是托马斯教我的另一件事——不要担心是否能把一切都做对，只需要尝试不同的事情，从错误中吸取教训，并继续朝着每天改进数据（和组织）的目标前进。

最重要的是，永远不要忘记你的客户……

杰夫·麦克米伦
摩根士丹利财富管理分析、数据和创新主管
纽约市

致谢

在我的职业生涯中,我很幸运能够遇到提出有趣问题和拥有开放思维的业务人员。我们共同努力寻找新颖的解决方案并将其应用于苛刻的现实环境中。由此产生了许多伟大的想法、方法和技术,这些成果远远超出了最初问题的范畴。

有时我们会遇到阻碍我们前进的组织问题。例如,有些公司认为数据在计算机中,因此如果出现质量问题,应该找技术部门来解决。技术部门将尽其所能,通过技术工具来指出潜在的错误。但处理问题的根因超出了技术团队的能力范围,因此问题从未消失。这些经历帮助我认识到正确组织的重要性:当我们这样做时,事情进展得很快。如果我们不这样做,进展就会令人痛苦地戛然而止。

我也很幸运能够遇到与我有共同兴趣的优秀数据专业人士。我们一起打下了良好的基础,解决出现的具体问题,成立研究小组来应对更大的机遇,并加入行业协会来推动共同议程。所有这些都为我进行针对现实问题的研究提供了有力的支持。

我很幸运能够在专业期刊以及后来的《哈佛商业评论》和《斯隆管理评论》中遇到出色的编辑。这帮助我在要求苛刻的公众舆论中展示出了成功的经验和深层的思考。

最后,我很幸运能够在最苛刻的环境——家庭中,将这些书页中包含的许多想法付诸实践。从询问"谁是我们最重要的客户?"到"事实真的支持我们的决定吗?",到澄清期望,再到让每个人都参与进来,书中表达的许多想法都是经过实战检验的！

需要明确的是，我也经历过惨痛的失败。尽管如此，这是一种在重要问题上尝试新颖解决方案的良性学习循环，整理出哪些有效、哪些无效以及原因，把事情写下来，向家人展示它们。这种循环方法可以追溯到贝尔实验室的数据质量实验室，并一直持续至今。

我很高兴与成千上万的人一起工作，很多人都做出了贡献，这里列出了最重要的一部分。

业务合作伙伴：迈·阿尔瓦伊什、萨贝卡·阿尔拉赫德、扎希尔·巴拉波里亚、斯文·贝尔格、安思·博克肖、唐·卡尔森、妮基·张、托马斯·克里敏斯、斯坦·多布斯、克里斯·恩格、斯蒂芬妮·费特琴、卡尔·弗莱施曼、约翰·弗莱明、布莱恩·富勒、桑达·富勒、罗布·高迪、马修·格兰纳德、史蒂夫·哈斯曼、布伦特·凯兹尔斯基、利兹·科舍尔、肯·诺尔斯、安德烈·科罗博夫、托马斯·昆茨、杰夫·麦克米兰、拉古·梅农、唐·尼尔森、安迪·诺丁、罗珊·帕尔梅里、鲍勃·巴勒莫、丹尼斯·帕顿、鲍勃·帕特克、兰迪·佩蒂特、格兰特·罗宾逊、叶卡捷琳娜·罗曼纽克、金·拉索、肯·塞尔夫、苏珊·斯坦贝克、比尔·斯威尼、肖恩·托尔钦、罗伯特·怀特曼、大卫·沃克、斯科特·威廉姆森、玛丽亚·维拉尔和卢旺加·永克。

专业合作者：萨尔玛·阿尔哈贾吉、玛丽·艾伦、比尔·巴纳德、戴夫·贝克尔、亚历克斯·博雷克、埃罗尔·卡比、托马斯·达文波特、米歇尔·丹尼迪、拉里·英格利希、妮娜·埃文斯、提奥斯·埃夫根尼欧、马里奥·法里亚、克里斯·福克斯、特德·弗里德曼、尼尔·加德纳、布兰·戈弗雷、布雷特·高、弗兰克·格斯、戴夫·海、罗杰·霍尔、杨·许、拉杰什·朱古勒姆、罗恩·肯内特、迭戈·库农、特蕾莎·库施纳、约翰·莱德利、道格·莱尼、阿诺德·伦特、阿南尼·列维廷、达内特·麦吉利夫雷、塔德·纳格尔、达拉赫·奥布赖恩、凯尔·奥尼尔、詹姆斯·普莱斯、安迪·雷德曼、格雷格·雷德曼、戴夫·萨蒙、莫妮卡·斯卡纳皮耶科、劳拉·塞巴斯蒂安-科尔曼、托尼·肖、安妮·玛丽·史密斯、迪维什·斯里瓦斯塔瓦、胡扎伊法·赛义德、约翰·扎克曼。

编辑、出版商和作家：露西·卡特、考特尼·卡什曼、萨拉·克里夫、艾米·加洛、艾莉·麦克唐纳、杰奎·墨菲、泽克斯娜·奥帕拉、托马斯·斯塔克波尔。詹妮弗·丹尼尔斯是我的业务经理，同时也是要求最高的编辑！

我的六个孩子和七个孙辈都在家乡。

从始至终，无处不在，陪伴我近 47 年的爱妻——南希。

这是一次奇妙的旅程。我们才刚刚开始！

前言

写作初衷

这本书源于 20 世纪 90 年代中期巴尔的摩港的一次晚餐巡游。我当时在贝尔实验室工作，我和我的团队曾向美国电话电报公司（AT&T）提供关于验证供应商发票数据的更好方法的建议。当 AT&T 陷入财务危机时，巨额的真金白银面临风险。经过努力，我们达成了一个重要的里程碑，并在巴尔的摩港举行了一场庆祝晚宴。

我认识的人不多，只是四处闲逛、搭讪。我问了一位女士对这次工作的感受。她变得严肃起来，直视着我的眼睛说道：

"你知道，我在这家公司工作了 20 年。我从来不觉得我能控制什么事情。但这次不一样。我掌控了一切，我做了我认为最好的事情。让我告诉你我们取得了哪些成就。"

此后，她一直从事着数据质量相关的工作。即便 25 年后，我仍能记起她言语中的兴奋之情。

不久之后，我离开了 AT&T，并一直在向我曾经所在的贸易咨询公司和一些政府机构提供数据和数据质量方面的服务。我一次又一次地听到来自雪佛龙、澳大利亚环保局、晨星公司、摩根士丹利、壳牌公司和许多其他公司的人员的类似反应："这（使用数据）真是一种更好的工作方式。""现在我不用猜了，我知道了。""我们喝了酷爱饮料（Kool-Aid 饮料，以其多样的颜色和口味，以及易于制作而闻名），我们不会再回到过去了。"

我把这些线索整合在一起的速度很慢。但有一天,我向曾帮助领导通用电气(GE)实施六西格玛(Six Sigma)的罗杰·霍尔提到了这一点。"哦,天哪,托马斯,"他惊呼道。"通用电气也是如此。"他的故事和我的一样多。

越来越多的人开始关注通过提高数据质量和/或使用数据来解决棘手的业务问题。数据以及使用数据的能力赋予人们力量!

我使用"数据践行者"(Data Generation)这个术语来指代那些寻求事实并利用它们让事情变得更好的人。这个群体包括我在巴尔的摩港遇到的那位女士,以及那些在通用电气采用六西格玛的人。面对各种各样的生活挑战,"数据践行者"的队伍不断壮大,使得人们对数据的担忧变得更加个人化,而工作中的问题则不然!有些人是因为关注一些重大问题而加入的,但更多人的加入,是因为他们无法直接回答诸如"你们网站上承诺的有库存的酵母在哪里?我开了 20 分钟的车来买!"这样的问题。

人们比以往任何时候都更需要在职业、个人和公民生活中利用数据来增强自己的能力。确实,你知道的越多,所能做的就越多,只要有一点勇气,几乎任何人立刻就可以做出重要的贡献。我将投入大量篇幅来探讨提高数据质量、使用"小数据"并做出更好决策的时机。那些寻求这些时机的人将提高团队的绩效,重新掌控工作生活,缓解压力并恢复平衡。我对此类时机的数量和种类感到震惊,并为那些追求这些机会的人感到兴奋。

这本书也源于我不断努力让人们和公司关注数据质量问题。大多数人都清楚他们存在数据质量问题,并竭尽全力来弥补。许多人花了大量的工作时间来处理琐碎的数据问题——纠正错误、确认看起来可疑的数字、处理来自不同系统的数据差异。财务专业人士花费这段时间来编制报告,销售专业人士花费这段时间来接触客户,决策者花费这段时间来做出可信的决策,数据科学家花费这段时间来让他们的算法不会搞砸事情。劣质数据是一种机会均等的危险。

就好像每个人的工作都有两个组成部分:他们的本职工作和处理琐碎的数据问题。不管喜欢与否,几乎每个人都必须管理数据,这是一项经常令人沮丧的工作，由于时间压力而变得更糟，而且没有任何关于如何管理数据的正式培训。

在我们的业务中，我们会向人们建议一种更好的方式——不要无休止地处理数据问题，要让它们消失。这种方法非常有效，并不困难，而且充满力量。我们想知道如何才能吸引更多公司这样做？

我们的分析揭示了一个关键人物——一个有业务问题并且对解决问题的新方法持开放态度的人。正是这些人将我们的建议牢记在心，做出了巨大的改进，并以此为他们的组织编写了剧本。他们是"数据践行者"的创始成员，非常重要，以至于我们给了他们一个崇高的头衔："破局者"。他们是数据领域真正的英雄。

再次强调，人才是真正重要的。我认为没有任何破局者将数据质量作为他们的首要利益。相反，他们关注的是业务问题的解决——处理发票、管理风险、证明自己比竞争对手更好。更高质量的数据只是达到目的的一种手段。

第三个根源在于数据日益重要。成功案例很多，潜力巨大，《经济学人》大胆宣称"数据就是新石油"。对于许多人来说，数据很可能是他们改善业务并将自己与竞争对手区分开来的最佳机会（参阅扩展阅读："为什么数据如此令人兴奋？"）。

尽管如此，数据的应用和数据质量的改善进展仍然迟缓。大约20年前，《哈佛商业评论》宣称我们已经进入"分析时代"。然而如今，大多数数据质量仍然很糟糕，而且成本高昂。数据科学项目的失败率太高，即使是拥有大量数据和深厚人才库的大型公司也是如此。

惊人的成功与更多的失败之间的巨大反差让我更仔细地审视"为什么进展如此缓慢？"。我联系了几十个人，并成立了研究小组来解决具体问题。我试图从其他领域的成功转型经验中学习。我尽最大努力认识到自己的偏见——在数据质量领域，我无疑是世界上最有激情的倡导者，而在数据的其他领域，我也是排名前几位的倡导者之一。

扩展阅读：为什么数据如此令人兴奋？

- 无论是交付产品、管理业务、设定战略优先事项，还是创造竞争优势,使用更好的数据都能使这些过程变得更容易、更有效。
- 更好的数据可以显著降低成本。
- 数据科学提供了其他方式无法获得的洞察力,为更好地与客户建立联系及改善产品、流程和服务提供了机会。
- 更好的数据和数据科学能够促进更好的决策。
- 数据创造了无数的商机。例如,一些数据获得了"专有"地位,为企业提供了保持优势的可能性。
- 数据推动了先进技术的发展,例如人工智能和区块链。更好的数据意味着更好的结果。
- 高质量的数据和数据科学是抵制错误信息的最佳方法。
- 数据赋予人们力量(我对此最兴奋)。

人,人,还是人!

有许多障碍阻碍公司发展。首先是"普通员工",即那些职位头衔中没有"数据"的人,在太多的数据工程中都缺失了他们。没有他们,公司就无法真正提高数据的质量,不能做出更好的决策,也无法将数据科学中来之不易的洞见付诸实践。没有他们,公司根本无法成功。那些在职位头衔中包含数据的人当然很重要,但成功取决于大量普通员工对数据质量做出贡献,开展自己的小数据项目,并协助开展更大规模的数据项目。简而言之,公司需要一个大规模的、多样化的内部"数据践行者"群体。

数据、破局者(Data Provocateur)和数据践行者的协同工作如下所示。

数据为人员赋能 ↔ 破局者——前进的动力 ↔ 广泛的内部数据践行者群体

任何怀疑人的重要性的人都应该阅读《人类如何赋予自己额外的生命》一文。文章称,"1920 年至 2020 年间,人类的平均寿命翻了一番"。我们是怎么做到的?科学很重要,但行动主义也很重要。

人,人,还是人!今天,在这个科技狂热的世界里,我在这条信息中发现了深刻、令人兴奋和充满希望的东西。如果你从这本书中只学到一点,那就应该是"让每个人都参与进来"。这就是本书名为"人与数据"的原因。我将投入大量篇幅来讨论公司必须采取措施来培养人才、为他们指明正确的方向，并大规模地释放他们的潜力。对于许多人来说，从将人视为问题的一部分到将人视为解决方案的关键这一微妙转变将是一项艰巨的任务。

管理需要创新

四个重要（且相互关联）的障碍包括：
- 对数据和信息技术的恰当角色感到困惑。
- 组织孤岛，使得跨部门共享数据和协同工作变得更加困难。
- 缺乏重视数据（或者数据驱动决策或此概念的其他表达）的组织文化。
- 缺乏高级业务领导。组织发现几乎不可能复制来之不易的成功。

让我们更深入地挖掘一下。

人们和公司没有给予数据应有的重视，常常使数据从属于信息技术。人们很容易被技术所诱惑——只要看看雄心勃勃的苹果、谷歌、脸书和其他公司就知道了。但即使是最复杂的算法也并不比它所基于的数据更好——要记住"垃圾进，垃圾出"的教训！此外，令一些人惊讶的是，在许多情况下，数据已经比信息技术更有价值，尽管技术吸引了更多的关注。将数据置于技术之下所造成的损害是巨大的。即使从狭隘的技术角度来看，当数据没有得到应有的关注时，许多原本有价值的技术项目也会失败。

数据将公司凝聚在一起：营销人员开发潜在客户数据，传递给销售人员，将订单数据传递给运营人员，他们将已处理的订单传递给库存管理、财务和产品开发，数据最终汇总到管理报告中……然而，所有这些部门的人员花费了大量的时间和精力来纠正从上游接收到的数据。

这个简单的观察揭示了很多东西。我已经指出，消除错误是一种更好的方法。但这需要人们跨部门合作，而孤岛让人们很难做到这一点。在工业时代，孤岛可能还不错——毕竟，分工是一个关键原则。但当涉及数据时，孤岛则会造成巨大的损害！

在这种情况下，公司缺乏某种"数据文化"就不奇怪了。

普通员工，即使是"数据践行者"中最热心的成员，也无法解决这些问题。他们无法培训董事会成员、建立通用语言以便计算机可以相互对话，或者决定公司如何使用数据参与竞争。只有公司的最高领导层才能做这些事情。但总体而言，高级管理层仍持观望态度。普通员工可以自己做很多事情，但如果高级管理层充分投入并解决这些问题，他们的行动会更快。

毫无疑问——数据是一项团队活动！而当今的组织阻碍了这一努力。简而言之，这些组织不适合数据。

建立更好的数据组织是本书的首要主题。为此，我将把普通员工放在新的数据组织的中心和前沿，并围绕他们建立其他管理创新。我将提出一些"多元化组织通道"作为处理孤岛的最佳手段。我将讨论信息技术部门在数据方面的适当角色，并为高层领导者提出两项责无旁贷的任务。我将描述数据工程方向的一些相当重大的变化。最重要的是，我将从普通员工开始，自上而下并在整个组织中明确数据的角色和责任。这些创新消除了巨大的成本，使跨孤岛工作变得更加容易，使公司能够享受将数据投入使用的好处，并赋予人们权力——简而言之，实现业务变革！这为本书的副标题带来了灵感：协同驱动业务变革。

轻而易举的变革是一种幻想，接受现实反而更容易一些。让人们自由地解决根本问题，释放他们的潜力，并投入资源给予支持。高质量的数据是让数据发挥作用的先决条件。

从长远来看，要弄清如何前进、确定要解决的业务问题的顺序、应对阻力、放下长期以来的固有观念，并克服无数的干扰，这将需要一种学院派的管理纪律——谨慎的规划、坚持不懈、韧性和勇气，贯穿整个组织层级。最重要的是，要释放员工的潜力并推动所需的创新，这一切都将需要巨大的勇气！无论是那些自我突破的人，还是被要求尝试新事物的员工、那些已经拥有数据相关职务的人、管理者和高层领导，乃至整个公司，都需要展现这种勇气。

本书内容

本书包括 10 章内容、结语和资源中心等。

第一部分为"全景图",由前三章组成。

第 1 章是一种"自下而上"的数据视图。尽管数据在很大程度上来说是看不见的,但对于安妮来说,数据在"典型的星期二"发挥着关键作用。安妮是一位 38 岁的营销主管,有两个孩子,数据对安妮的日常生活来说非常有用。这一章内容说明了数据具有巨大的潜力,同时也揭示了一些问题。

详细了解问题和机会总是很重要的。第 2 章以第 1 章为基础,总结了我对数据空间的回顾:为什么数据如此重要?哪些进展顺利?同时,本章讨论了公司要获取数据提供的价值必须克服的人员和组织问题。其他章节将更深入地探讨这些问题。

第 3 章全面探讨了如何为数据构建更好的组织架构。这一章提供了一个图示,展示了数据组织的关键组成部分,以及这些组成部分之间的联系。正如一直强调的那样,人,尤其是数据践行者,处于图的中心位置。我见过很多组织架构图,但从未见过一个将人放在核心位置的结构图。

换言之,第 2 章解释了组织为何不适合数据,第 3 章总结了针对上述问题该怎么办。

第二部分"人员"也由三章组成,重点关注人。

第 4 章对人们担任"数据践行者"的相关实际情况进行了客观审视。有些人(例如破局者)赋予自己能力并表现出真正的领导力。其他人也自我赋能但选择不领导。我对这两个群体感到特别兴奋,因为正如我之前指出的,机会比比皆是!还有些人则需要一些推动力——他们可能需要一个邀请、一些培训来帮助他们完成工作,或者只是来自老板鼓励的话语。对于这些人,公司必须明确他们希望员工承担的新角色和责任,分配具体的任务并提供一些支持。最后,一些"落后者"会选择置身事外。我发现大多数人最终会选择另谋出路。

第 5 章深入探讨了数据质量带来的机会,无论是对个人还是对公司。我已经提到，大多数公司的数据状况比他们想象的要糟糕得多，这不仅浪费了时间和金钱，还给他们想要做的一切泼了一盆冷水。更糟糕的是，大多数公司并不觉得数据质量有吸引力，他们更愿意专注于分析、人工智能以及其他利用数据的方法。不管喜欢与否，他们都必须处理数据质量问题，而且大多数公司应该首先解决这一问题！好消息是，机会比比皆是，而这正是公司可以让员工自由发挥的完美领域。与以前处理错误的工作相比，几乎所有人都更享受他们作为数据创建者和数据客户的新角色。最后，改善数据质量可以节省大量资金，并使其他数据应用成为可能。

第 6 章专注于让数据发挥作用——开发新的洞察、找到满足客户需求的新方法、做出更好的决策并创造收入。不幸的是，人们倾向于将此类工作视为数据专家的职责，但如果没有普通员工的参与，这项工作将毫无进展。

第三部分"数据是一项团队活动"由四章组成，解决了前文提到的团队合作的障碍。

第 7 章名为"多元化组织通道"，它消除了孤岛、数据共享等组织障碍。本章探讨了数据供应链、数据科学之桥、嵌入式数据管理人员、通用语言和变革管理，并将其作为应对手段。

第 8 章着眼于人、数据和技术之间的关系。

第 9 章探讨领导力。有句老话说："所有的改变都是自下而上的，所有的变革都是自上而下的。"这句话反映了一个现象：好的想法往往通过基层进入公司，因为个人在解决眼前问题时会提出新的思路。那些经过考验的想法会逐渐上升到公司高层。理想情况下，高层领导会采纳这些想法，并推动每个人接受这些新理念和新做法。在我看来，已经有许多自下而上的成功案例，现在是领导层肩负更多责任的时候了。特别是，我认为高层领导有两项重要的责无旁贷的任务：建立所需的组织架构，将数据与业务战略联系在一起。采取这些步骤将迫使高层领导深入思考他们希望创建的数据文化。

这些职责涵盖了不少灵活的内容。本书自始至终都在阐明数据的管理职责，并将这些责任扩展到更广泛的领域。许多鼓励措施、培训、协调工作，以及一些最适合集中处理的任务，都落在了数据团队的肩上。第10章详细描述了当前公司所需的数据团队。

结语从历史的角度总结了全书的内容。这段总结源自著名经济学家约瑟夫·熊彼特的一个发现，即改变世界的技术总是以"集群"的方式出现。比如，随着印刷机的发明，廉价且大量生产墨水和纸张的技术随之而来，以及"新内容"的出现——除了圣经以外的书籍。按照这个标准，如果没有高质量的数据，当今的信息技术集群是不完整的。后来，历史学家在此发现的基础上进一步指出，利用这些技术集群需要组织创新，同时也需要以此为契机让人们接受新技术。这一部分内容的主要目的是为书中提出的创新提供一个新的框架和紧迫感，但从历史的角度也揭示了为什么像人工智能这样令人兴奋的技术尚未展现出其巨大的潜力。

总的来说，这是一本关于"如何思考事物"的书，尽管我意识到大多数人都是通过实践来学习的。无须道歉——如此多的数据工作都失败了，因为人们没有足够深入地思考成功需要什么。尽管如此，我还是想鼓励人们在他们的公司内部采取行动——重复我在第2章中提到的力场分析和数据质量测量，从而完成改进项目，管理他们的数据供应链，并立即开始培训人员。因此，我提供了内容广泛的资源中心，总结了如何使用我最喜欢的一些工具，并概述了普通员工现在需要的培训。

托马斯·C.雷德曼

目录

赞誉
序
致谢
前言

第1部分 全 景 图

第1章 安妮的数据星期二 — 2

一天的生活 — 2
数据的定义 — 5
数据无处不在 — 6
但并非一切都完美！ — 8
促进商业发展 — 8
技术是助推器 — 10
最重要的收获 — 11

第2章 机遇与挑战 — 12

完美风暴 — 12
以普通员工为中心 — 13
成功案例证实了潜力 — 14
一个巨大的差距 — 16

诊断	20
总结	26
最重要的收获	30

第 3 章　构建更好的数据组织 　31

以普通员工为中心	32
多元化组织通道	36
将数据管理与信息技术管理区分开来	36
最终，所有变革都是高层主导	37
数据团队的新角色	39
为员工和公司开展赋能培训	40
稳步推进翻天覆地的变革	41
最重要的收获	41

第 2 部分　人　　员

第 4 章　数据践行者与破局者 　44

遇见数据践行者	44
推动变革的破局者	47
对领导者、管理者和数据团队的影响	50
最重要的收获	51

第 5 章　道路千万条，质量第一条 　53

当信任不复存在	53
亟待修正前进的方向	57
数据质量的复杂性超乎你的想象	58
劣质数据产生的原因	59
自动化热潮	61
更好的方法	62
数据质量的业务价值	63

许多人认为这项工作具有变革性	64
需要领导层、核心数据团队和嵌入式数据管理人员的参与	64
启示	65
最重要的收获	66

第6章 让数据发挥作用   67

普通员工与数据科学过程	68
小数据的大乐趣	71
做出更好的决策	74
将产品与服务数据化	75
利用或消除信息不对称	76
利用专有数据	77
战略型数据科学	78
将客户隐私视为一种特性	78
将数据列入资产负债表	80
探索让数据发挥作用的多元途径	80
最重要的收获	81

第3部分　数据是一项团队活动

第7章　多元化组织通道   83

普通员工无法解决所有问题	83
令人窒息的孤岛效应	84
缺乏通用语言也使合作变得更加困难	86
些许几个"坏家伙"	88
消除孤岛？	88
客户-供应商模型	89
数据供应链管理	91
数据科学之桥	92
建立和维护通用语言	94

变革管理 96
　　　最重要的收获 99

第8章　不要混淆苹果和橙子　100

　　　宏大的数据工程需要卓越的技术，但它们之间却是对立的　100
　　　数据和信息技术以及不同类型的资产 102
　　　IT 部门处境艰难 104
　　　要做数字变革者？先改变你自己！ 106
　　　最重要的收获 109

第9章　文化变革需志存高远，也应循序渐进　110

　　　高级管理层一直处于观望状态 110
　　　构建更好的数据组织 113
　　　让数据发挥作用 118
　　　最重要的收获 121

第10章　企业迫切需要的数据团队　122

　　　清晰的管理责任 122
　　　指导数据团队设计的五个要素 122
　　　向建立更高效的数据团队迈进 126
　　　最重要的收获 134

结语：需要勇气　136

资源中心 1：工具包　140

资源中心 2：普通员工数据培训课程　158

第 1 部分

全 景 图

第 1 章

安妮的数据星期二

一天的生活

大多数人不会过多地关注数据。但如同空气和水,数据是我们日常生活中不可或缺的一部分。我们以安妮周二的一天生活为例了解一下无处不在的数据。

> 安妮女士,38岁,是高档毛衣公司(Upscale Sweater)的市场研究员,是凯利的妻子,是8岁乔治和6岁萨莎的母亲。在安妮和凯利工作的城市,他们一家四口租了一套两居室公寓。
>
> 安妮的一天从清晨6点30分被丈夫凯利叫醒开始。每周二他们都要去办公室上班。叫醒安妮后,凯利马上动身去上班,下午他还负责接孩子放学。安妮则先在跑步机上健身,以每英里⊖15分钟的速度锻炼30分钟,这能确保她每天达到10,000步的锻炼目标。
>
> 快速洗完澡后,她叫醒孩子们,让他们穿衣服和吃早餐。今天是乔治学校的"动物日",她会把他的大猩猩衬衫拿出来。她还会按萨莎喜欢的方式斜切吐司,并记得把这习惯告诉她的父母。因为孩子们周六晚上会和他们住在一起,她希望周日早上一切习惯照旧。做午餐时,她心里默念孩子们需要更多的香蕉和覆盆子。但是,天呐,覆盆子竟然这么贵!

⊖ 1 英里=1,609.344 米。

8点15分，安妮将孩子们送上校车，然后乘地铁去办公室。在路上，她核实下午1点要参加的一个重要会议。安妮即将升职。她需要保持最佳状态，向上级汇报明年产品线的改进建议。她参加了两个早会。她时不时会打开"销售趋势"电子表格，审核相关数据。她希望她的改进建议有坚实的事实依据，以便开始生产新的浅蓝色系列毛衣并停止生产红色毛衣。她还给她的同事阿伦打电话，讨论供应商管理事宜。生产浅蓝色毛衣意味着高档毛衣公司必须采购一种新型染料，因此她希望确认阿伦能够采购到她建议中需要的足量染料。

她的工作建议在会上获得批准。会议结束后，她和凯利收到萨莎的老师皮特发来的电子邮件。萨莎在学校成绩很好，但她上次的数学测试分数很低。皮特希望安妮到学校见一下萨莎的数学老师，商量她是否需要补习。安妮不太喜欢孩子们就读的学校。她回复说，她和凯利晚上会商量一下。

这让安妮再次思考孩子们的未来。她和凯利在这座城市长大，并且喜欢这座城市。但房租不断上涨，搬到郊区的朋友告诉她那里的学校更好。她从来没有想过他们能够购买一处房子，但也许是时候考虑到城外的镇上买一套房子。

"我们买得起房吗？"她大声问自己。

安妮正要离开办公室，她的老板斯蒂芬妮叫住了她。斯蒂芬妮祝贺她圆满的汇报，并向她转达了公司高层对她的汇报高度肯定。她的晋升几乎是板上钉钉了。

安妮从单位出来已经很晚了，所以没有坐地铁，而是用Lyft（北美的拼车服务）叫了车，打车回家大概要20分钟。

孩子们上床睡觉后，安妮和凯利讨论起今后的生活。他们讨论皮特提议的数学补习以及郊区的房子问题。他们看了萨莎之前的三场数学测试，成绩都很好。他们回想起上次数学测试前她没有睡好，认为最好再观察一下接下来的几次测试，而不是指责她。安妮给皮特回复表示他们不请辅导老师了。

接下来，他们讨论搬到郊区的事情，对这个计划都非常兴奋。他们决定注册一些线上房产信息提醒，并着手联系一些房产中介。

> 凯利同意创建一个电子表格以帮助筛选出符合他们购买能力的房子。一位朋友曾经告诉他一个很不错的线上资源。安妮担心网上会泄露他们的收入，但也别无他法。
>
> 关灯睡觉时，凯利转向安妮，给她讲了下面的小事：
>
> 今天发生了一个有趣的事情。我在给乔治的自行车补漆时漆用完了。咱家拐角处有一家五金店，我就访问这家店的网站查看信息。网站显示他们的店里有这种油漆。于是我带着孩子去买，但在店里没找到。我问店员这是怎么回事。店员告诉我，这种漆卖完了。他说每天都有人抱怨他们的网站总是出现这类信息错误。
>
> 安妮点点头，说："很遗憾，亲爱的。希望乔治不要太失望。"这让她想到工作中类似的情况：
>
> 你知道，大约一个月前我们在工作中遇到了类似的问题。我发现我跟踪的销售数字看起来并不准确。我无法确定，所以我们回头查看，发现了很多问题。我的团队花了几乎一周的时间来修改这些错误数据。现在我们每周一要核验数据更新。
>
> 然后安妮亲吻凯利道晚安，很快进入了梦乡。

请注意，如同她没有说或者思考"让我想想空气"一样，安妮在一天中的任何时候都没有说过，甚至没有想过，"让我看看数据"或"让我完成这项数据管理任务"。日常生活中，数据虽看不见，但却无处不在。

数据是安妮生活中的一个要素。以下每一项（甚至更多）都符合或可能符合数据的条件：

- 安妮每天的目标步数是 10,000 步。
- 萨莎喜欢斜切吐司。
- 我们需要覆盆子。
- 下午 1 点召开重要会议。
- 浅色越来越流行，红色则有点过时。
- 萨莎上个月的数学测试成绩不佳。
- 安妮和凯利不知道他们能花多少钱买房子。

那么，这些数据是什么？为什么会大惊小怪？为什么某些人如此兴奋？安妮应该关心数据吗？企业应该关心吗？

数据的定义

多年来,人们对"数据"给出了数百种甚至数千种定义。大多数定义我都喜欢,但我最喜欢的是 30 年前我们在贝尔实验室给出的定义。我认为,它最符合组织或个人(如同安妮)创建和使用数据的方式。人们通常认为使用数据似乎有点多此一举,但我发现人们一旦用上它就会爱上它。因为使用数据可以帮助人们或组织强化组织架构、简化工作流程并加深对所获知识的理解。

数据的核心思想是:世界极其复杂,有各种各样的活动要素、复杂的相互关系和微妙之处。为了理解这一切,我们使用词、概念和数字将信息结构化。例如,有人用术语"raspberry"作为具有某种特征的水果的英文单词(这种水果法语名称是 framboise,在中文中称为覆盆子"fu penzi");安妮和她的丈夫给他们的长子取名为"乔治"。

数据的结构由两部分构成:数据模型和数据值。数据模型定义了数据是什么,包括所关注的事物(称为"实体")、事物的重要属性(称为"属性""字段",或者电子表格的"列")以及相互之间的"关系"。安妮的销售趋势电子表格很好地说明了此定义(参见表 1.1)。

表 1.1 以电子表格方式管理的数据

周结束日期	每周售出的毛衣数量(减去退货)					
	V 领			圆领		
	红色	青色	浅绿色	红色	青色	浅蓝色
……						
2022 年 5 月 29 日						
2022 年 6 月 5 日						
2022 年 6 月 12 日	5,637					
2022 年 6 月 19 日						
2022 年 6 月 26 日						
2022 年 7 月 3 日[①]						
……						

① 原文为 2022 年 6 月 3 日,现改正为 2022 年 7 月 3 日。——译者注

电子表格通常用于组织数据。表中,每行代表一个实体(表示以某一具体日期结束的周),每列代表属性(例如,红色 V 领毛衣的销量),单元格给出关联的数据值。因此,截至 2022 年 6 月 12 日那一周,共售出 5,637 件红色 V 领毛衣(减去退货)。

这样人们可以简单完整地描述一段数据(单条数据)。我有时喜欢简写,如下:

(实体,属性=值)

因此,电子表格中红色 V 领毛衣的单元格描述为:

(2022 年 6 月 12 日,红色 V 领毛衣销量=5,637 件)

从技术角度来说,安妮一天中使用的大部分数据都不是这样结构化的。相反,它属于"非结构化数据",即尚未结构化的陈述或观察结果。因此,上述观察结果可以被结构化。例如:

(安妮,每日目标步数 = 10,000)

(萨莎,吐司切法偏好=对角线)

(安妮和凯利,房屋最高购买价=未知)

"数据(data)"是多个单条数据(datum)的复数,也就是符合条件的若干数据的集合。安妮使用的高档毛衣公司销售趋势电子表格就是很好的例子。

数据无处不在

"安妮为什么会关心数据?"答案很简单,就是因为"它非常有用"。虽然并非所有数据都是如此,但那些能回答问题,让人们生活更轻松有趣,让工作更加高效,让决策更明智,推动更新、更好的产品和服务的纯粹数据需求不断涌现。对于那些数据能够满足各项需求的企业而言,不断扩大的数据需求意味着机遇!谷歌、脸书和优步正通过满足其对数据的需求而获得了巨大的财富!

让我们回顾安妮一天中的一些小插曲。即使是最简单的数据(如萨莎喜欢什么样的切片吐司)也会让人更快乐,并且可能避免她在上学前发脾气。在他们获得更多数据前,只需要三个数据,即萨莎最近的三项测试成绩，就能说服安妮和凯利做出推迟给萨莎安排数学补习的决定！

如果没有销售趋势电子表格，安妮就无法完成她的工作。该电子表格汇聚了来自数百个零售店、高档毛衣公司自有网站以及数百个销售其毛衣网站的数百万销售数据。这些数据有很多用途，从跟踪进度（如安妮所做的），到为下一季度的产品线提出建议。如果没有该电子表格提供的长期历史趋势数据，安妮就无法提出这些建议。

复杂的行动决策需要更广泛的数据。例如，除非安妮确认提供特殊染料的数据，否则她无法提出建议。这不仅仅是大量数据，而是一组完整的相互关联的数据。

数据还可以让她找到拥有住房的路径（参阅扩展阅读："数据有高价值，所以希望有高价格"）。她和凯利须估算出自己能负担得起的费用，以便与房产中介交谈。为此，他们需要收集有关工资、存款以及预算的数据。他们还要预测可能增加的开支，例如前往城市的通勤费用，可能需要购买汽车的费用。他们还要估算可能节省的费用，如个人所得税减免。然后，他们将以上数据整合，再使用线上工具形成预算。

毋庸置疑，对于安妮来说，数据在很大程度上仍是不可见的。但她可以看到萨莎的试卷并听到与阿伦的对话。她喜欢 iPhone 的时尚设计，但当她看到工作的平板计算机，会让她想起令人烦心的系统问题。然而，虽然她获得所需数据就能够顺利让她用 Lyft 打车、完成许多其他任务，但比起关注数据，她更关心接送孩子到学校、做她的工作、满足萨莎的需求、整理房间等。总之，数据仅是让事情变得更容易。

扩展阅读：数据有高价值，所以希望有高价格

许多人都知道斯图尔特·布兰德的著名台词"信息希望免费"，这句话体现了利用现代信息技术共享数据是多么容易。他们可能不太清楚这句话的第一部分，"……这些信息想要变得昂贵，因为它是如此有

价值——在正确地方的正确信息就能改变你的生活"。"改变生活"有助于证明发出这种感叹的合理性。

但并非一切都完美！

现在，让我们将凯利访问五金店网站的体验与安妮对于公司数据的体验进行对比。对于凯利，错误的数据给他带来不便，也导致原本打算做的事没能完成。尽管他不会再访问那家五金店的网站，但他仍然相信店员。

高档毛衣公司劣质数据给安妮带来负面影响更严重。她的团队不仅要处理最初的错误，而且每周还要花大约10小时进行测试和修正各类问题。如果不做这些，他们就能有更多的时间专注于本职工作，专心制订营销计划。更糟糕的是，决策者不再信任这个系统，向她提出了很多难题。在她的专题汇报时，没有人质疑她的决策能力，但多数人对数据提出了质疑。尽管她的团队竭尽全力，安妮本人仍心存疑虑。如果销售趋势不是那么清晰，她无法坚持自己的建议！

从另一方面来看，凯利和安妮还是幸运的。劣质数据可能还涉及健康检查，使家庭成员陷入困境。对于高档毛衣公司，劣质数据可能意味着决策失误、收入锐减和职位减少。

劣质数据还有另外一个重要影响。上述两个案例都不涉及渎职带来的危害，而现实生活中并非都如此。不道德的人会利用数据进行误导，诸如对二手车使用状况、贷款条件及政治形势等进行造假。虽然数据有诸多好处，但安妮和凯利必须始终保持警惕。事实上，我们必须致力于开发完整、准确和具有关联性的数据集合，以正确指导我们的决策和行动。

促进商业发展

让我们从相关企业的角度来考量数据。首先，如同安妮一样，对于高档毛衣公司而言，数据至关重要。该公司利用数据来销售毛衣、经营工厂、向零售店供应数量相符的毛衣、向监管者汇报情况和制订计划。如果没有大量相关的、高度结构化的数据，该公司根本无法开展业务，也无法盈利。良好的数据意味着合理高效的经营、科学精准的决策和令人满意的服务。数据虽然重要，却很难保证万无一失。

高档毛衣公司至少会对两件事感兴趣。首先，为尽可能更多地了解客户，产品设计人员正研究将计算机芯片嵌入织物中，用于测量客户体温，这样就能知晓客户在何时何地穿着他们生产的毛衣。这将意味着游戏规则的改变！

高档毛衣公司最近还聘请了一支高级分析团队，让他们负责拿出如何开发利用公司所拥有的海量数据的方案。公司完全认同，人工智能和数据货币化能够为公司创造新的现金流。

高档毛衣公司的经验源于安妮使用 Lyft 打车的经验。安妮提供了两条数据："我需要打车"和"我的位置"（更准确地说，她的 iPhone 手机提供了她的所在位置）。某些司机也提供了类似的数据。Lyft 软件则协调匹配二者信息。此外，Lyft 会基于每次行程增加其数据积累，来提升对车辆的调配分析能力，以预测谁在何时何地需要打车并优化价格。这个看起来似乎简单，但却极具颠覆性！如果 Lyft 只用了四个数据就能够达到如此效果，那么高档毛衣公司所持有的全部数据将更具有颠覆性！

让我们再从贷款者的角度考虑。前一段时间，安妮和凯利填写完一叠表格后，去见一位银行经理，银行经理主观评判他们是否具备偿还贷款的能力。毋庸置疑，许多银行经理基本具备评判不同人群的职业经验。但仍存在部分人对黑人、移民、同性恋者及社会弱势群体存有偏见。安妮的父母没有过多谈论这些，尽管他们曾经在银行有类似糟糕经历。他们的经历在某种程度上影响了安妮对她能拥有房子的期望。

一直以来，美国联邦法律强制要求消除偏见。独立信用评级公司提供的结构化数据逐渐削减了银行经理的作用，这样就减少了偏见，精简了流程，降低了成本。尽管如此，Rocket Mortgage 等金融科技公司发现银行流程还存在不足，进而提供成本更低、品质更优的服务。他们用算法取代人工评判，这是一项比看起来难得多的任务。但对已知的偏见是否消除、新的偏见是否出现等疑问仍然存在。

最后是邻家五金店（Neighborhood Hardware）公司的例子。该公司知道其库存数据存在问题。尽管如此，店主凭借对顾客的了解以及供应商的协助配合，商店能够应对人们想购买的商品。但该五金店网站还是很尴尬，公司老板陷入了困境——大费周章地修复网站似乎不值得，而关闭网站更是个坏主意。公司老板的朋友们给出正确的对策，他们建议像竞争对手那样，可以将网站作为客户线上订购的新方式。

技术是助推器

数据与当今信息技术相互关联，互相依存。最明显的是信息技术加速和放大数据的正面效应和负面效应。如果没有技术，高档毛衣公司很难快速汇总每周的销售数据和考虑采用人工智能。技术让 Lyft 可以为安妮提供叫车服务，也让皮特能够与安妮和凯利更轻松地沟通。技术赋予 Rocket Mortgage 快速评判购房人贷款资格的能力。

技术还让劣质数据扩散范围广、传播速度快。数年前，当凯利需要购买油漆时，他不会想着先浏览邻家五金店的网站，而是给商店打电话询问自己所需要的油漆。接电话的人在查看库存后告诉凯利缺货。在这种情况下，五金店的库存系统即使出错，顾客也不会知晓。这个小插曲让人想起那句老话：

"解决问题最终在人。往往计算机是搞砸事情的根源。"

很显然，这个案例中，关键不是技术，而是劣质数据，是计算机将错误数据突显出来。

技术会加速和放大一切。当它发挥作用时就会带来奇迹，而当它不起作用时就会带来麻烦。如今，脸书、推特和 YouTube 等社交媒体网站会是传播错误信息的前沿和中心，但它们并不是问题的根源。正如 BBC 创始人塞西尔·刘易斯所言，"很明显，如果麦克风前有一个疯子，他将带来极大的麻烦"。难怪社交媒体公司能在获得巨大盈利的同时，具有如此巨大的力量，也因此面临更多的审查。

最重要的收获

- 数据几乎是我们个人生活和职业生涯中一切事物的组成部分。好的数据让一切变得更容易，展示了我们生活的每一个轨迹。
- 大多数时候，数据就在那里，但总是被人忽略，没有得到应有的关注。
- 存在很多劣质数据，甚至是人为制造的，这类数据对使用者是有害的。

第 2 章

机遇与挑战

完美风暴

正如第 1 章的小故事所展示的那样,愈发明显的趋势是:对于专业且积极地管理数据的人和组织而言,数据为其提供了巨大的优势。

> 我强烈怀疑情况一直如此。想象一下建造金字塔、管理城市、赢得战争所需的数据。即使是占星师也需要有关天体位置的精确数据来完成他们的工作。事实上,我最喜欢的文章之一的标题是"数据如何成为抗击流行病最有力的工具之一"。有趣的是,这场流行病是 1800 年代中期伦敦的霍乱疫情。今天的主要区别在于,数据已经侵入了一切事物的每一个角落,无论如何,在我看来,这种趋势才刚刚开始!

在私营领域,数据为企业创造竞争优势、创造财富和就业岗位、提高生产力以及培养更有能力的员工队伍提供了强有力的手段。在公共部门,数据可以帮助各机构确保公民更自由、更安全,促进平等,改善公共医疗保健,进而改善生活条件。数据的潜力如此之大,以至于《经济学人》将其称为"新的石油"。因此,释放这种潜力的重要性不言而喻。

但即使对于最优秀、最具创新性的公司来说,做到这一点也很困难。虽然原因有很多,但最主要的是,它们的组织结构没有为这项工作做好准备——它们缺乏领导力和各个层次所需的人才，部门间的壁垒阻碍了他们的发展，它们还混淆了数据与信息技术的概念。简而言之，它们"并不适应数据时代"。

数据的重要性日益增长、数据难以有效利用、劣质数据普遍存在，这三者共同作用让我得出结论：更好地管理和利用数据是21世纪的管理挑战。

有些人可能会反驳，认为人工智能、高级分析、区块链、虚拟现实和数据湖等新信息技术的实施才是21世纪的管理挑战。这确实是一个站得住脚的观点。然而，尽管这些技术以及正在使用的技术都十分强大，但它们的好坏取决于提供给它们的数据（长期以来"垃圾进，垃圾出"的说法已经演变成"更多垃圾进，更多垃圾出"）。此外，凭借技术保持竞争优势也是很困难的。毕竟，你的竞争对手可以购买与你相同的技术。但公司的数据是独一无二的，这意味着它可以成为持续优势的来源。更容易使人困惑的是，数据远不如最新技术那样引人注目，新技术往往承诺能立即带来财富。

技术固然重要，但综合来看，这些观点模糊了数据所扮演的核心角色，并分散了领导者的注意力。从正确的角度来看，这些观点实际上强化了这样一个观念：21世纪的管理挑战在于数据，而不是信息技术！

在展开后面的内容之前，还有一点需要补充说明：在公共生活中，虚假信息的泛滥及其导致的社会分裂让我们很容易看到劣质数据的影响。有趣的是，几乎每个人都将这些问题的加剧归咎于社交媒体。尽管我无意发表政治声明，但首先形成一个完整、准确且不带偏见的事件观，可能是21世纪的政治挑战。

以普通员工为中心

本书的核心论点是，将普通员工置于核心位置是公司应对这一"完美风暴"的最佳方式。所谓"普通员工"，指的是公司内那些职位名称中不包含"数据"的人，包括一线员工、销售人员、市场营销人员、新产品开发人员，以及在运营和财务部门工作的人员、医生、律师和各类专家。几乎所有的管理者和高层领导者都是普通员工。在许多情况下，公司的客户也符合这个定义。关键是要广泛地涵盖所有与数据有任何接触的人。需要强调的是，这里所说的"公司"应该被广义地理解为包括大型和小型营利性企业、政府机构和非营利组织。

公司将普通员工置于核心位置的观点既大胆又令人兴奋，甚至可能引发争议，因为这与大多数公司目前的做法截然相反。例如，许多推动数字化转型的公司完全忽略了人的因素，或将其视为问题的一部分。因此，我并非轻率地提出这一主张。在本章中，我将总结我所了解的事实、我的分析过程以及我如何得出这一结论的。

成功案例证实了潜力

当我在贝尔实验室开始我的职业生涯时，统计学家为美国电话电报公司（AT&T）业务的各个方面提供支持，从产品质量到网络的设计和优化，再到业务运营。当时，统计学主要应用在大型公司、政府机构和统计从业者，他们专注于帮助解决重要的业务问题。

迈克尔·刘易斯在 2003 年出版的《点球成金》（*Moneyball*）以及以其为蓝本的电影中，讲述了小型棒球奥克兰 A 队（Oakland A）利用分析技术与资金雄厚的对手竞争的故事，这个作品使分析技术进入了公众视野。随着一些技术进步和围绕数据科学的炒作推动，越来越多的公司开始实施数据应用工程。（注：我这里定义的数据科学广义上涵盖了高级分析、人工智能、统计学等类似领域。）

这些炒作背后有许多实体企业的身影。亚马逊、脸书、谷歌、网飞、特斯拉和优步等数字原生企业认识到了数据的重要性、分析数据的能力以及将数据付诸实践的手段。它们在资本市场的表现反映了投资者对这些因素的重视。优步可能比其他任何公司都更能体现数据的潜力。这基于它们基本上找到了将"我在找车"和"我在找乘客"两类数据连接起来的方法。

数据科学在非数字原生企业中也受到了关注。事实上，许多书籍专门讲述了相关实例。数据科学帮助联合包裹服务公司（UPS）每年少走了 1 亿英里的路途并节省了 1,000 万加仑⊖的燃料，帮助达登餐饮公司改善客户体验并吸引他们再次光顾，为农民带来了利润增长，正在改变金融顾问与客户的合作方式，正在改善医疗实践。数据驱动的市场营销成为常态。人力资源部门通过数据分析做出更好的招聘决策，并识别有潜在风险的员工。这样的例子不胜枚举。如果你在这里没有看到自己的身影，也许你应该再仔细找找——成百上千的新闻文章和大量书籍都证实了这一说法。

尽管大多数数据工作是由全职专业人员完成的，但普通员工参与其中的情况也早有先例。20 世纪 20 年代，沃尔特·休哈特为西电公司工厂发明的、供一线工人使用的控制图就是一个例子，仅需要使用纸、铅笔和直尺就能绘制控制图。因此，控制图很快就流行了起来并变得非常重要，从而提高了成千上万家工厂的生产质量和生产力。摩托罗拉在 20 世纪 80 年代发明了六西格玛方法，并且杰克·韦尔奇在 20 世纪 90 年代将六西格玛纳入通用电气公司的企业战略。该方法扩展了普通员工可以使用数据来解决工厂之外业务问题的理念。今天，我使用术语"小数据"来描述控制图、六西格玛和其他基本数据分析方法，数亿甚至数十亿人在使用相对少量数据的时候都可以运用这些分析方法。公司面临着大量使用小数据就能解决的问题，这一概念在今天显得尤为重要。

如果你和你的公司还没有做到这一点，那么你必须认真对待数据、数据科学和其他使数据发挥作用的方法，并学习如何将它们融入未来的工作中。

据我所知，数据质量的成功故事较少，可能是因为它未能摆脱"缺乏吸引力"的标签。尽管如此，以正确方式提高数据质量的公司还是取得了出色的业务成果。AT&T 通过消除计费数据问题的根源每年为自己节省了数亿美元，摩根士丹利通过改进客户数据来更好地管理风险，晨星公司对其数据产品进行了全方位的改进，壳牌各业务线每年

⊖ 1 英加仑≈4.546 立方分米，1 美加仑≈3.785 立方分米。

节省数亿美元，雪佛龙能够更好地管理其上游业务，Aera能源公司在通用语言和数据架构方面的投资为整整一代人提供了数百种帮助。在所有这些案例中，普通员工发挥了最重要的作用。

提高数据质量最明显的业务收益是减少开支。许多人认为这一点违反直觉。但考虑到有人（实际上是很多人）必须花时间纠正数据错误，而这是有成本的。一些数据错误无法在第一时间被发现，而后期处理这些错误的成本更高。实际上，对于许多人来说，处理乏味的数据问题已经成为他们工作的一部分，只是他们未曾注意到这一点。

尽管如此，更重要的、无法量化的好处在于信任。正如一位高管所说，"我真的很感激节省下来的钱"，但与其相比，业务能够顺利经营的价值远远更高。

如果你还没有做到这一点，那么你必须认真对待数据质量，学习如何正确解决这一问题，并将其融入你的业务计划中。正如我将要解释的那样，如果你必须面临是从数据科学还是从数据质量开始，那么你可能应该首先关注数据质量。

一个巨大的差距

尽管有成功的案例，但数据领域的问题依然严重。人们不必深入研究就能证实这一说法——只需要阅读新闻即可。如果没有可信的数据，人们就不知道如何应对，科学家也无法可靠地预测将要发生的事情，政策制定者也无法指明前进的道路。劣质数据及其影响经常成为新闻头条。

当然，大多数数据质量问题不会成为新闻。尽管如此，劣质数据仍然是一种常态，它增加了巨大的费用，降低了信任，并给使用数据的一切工作带来了不少麻烦。在我的高管培训课程中，我让参与者使用"周五下午测量法"来进行数据质量测量。该方法关注最重要和最新的数据，得到的分数范围为0～100，分数越高越好。它专门用于捕获劣质数据对组织工作的影响。因此，数据质量分数反映了数据足以支持工作顺利完成的时间比例。不可否认的事实——数据质量分数低意味着组织的工作已经受到损害！

我还询问参与者，他们的数据需要达到什么水平。一些人会说："这些数据与金钱相关，数据错误会造成一些领导下台"或"我们的数据来自医疗保健，错误时会导致人员死亡。"从未有人说他们的数据质量分数需要低于 90 分。

多年来，各行业和部门的高管们进行了约 200 次这样的测量，得到的平均分数为 55，200 个测量结果中只有 3%达到了管理者设定的 90 分以上的目标。我们尚未发现哪个行业或哪类数据显著优于或劣于其他行业或类型。重要的是，几乎所有高管都对此感到失望、震惊或两者兼具。许多人会花一些时间否认这个结果，但大多数人认识到他们确实面临着数据问题。数据质量差是每个机构或部门都有可能遇到的问题。

从几乎每个人都承受的额外工作，到对数据科学的令人窒息的影响，再到由此产生的信任缺失，数据质量差造成的后果都是不能忽视的重大隐患。我无法想象企业在没有信任的情况下如何前行。当前，据合理的初步估计，劣质数据导致的成本可以占到收入的 20%。追回这些成本可能是许多公司改善业绩的最佳机会！

数据科学的情况可以说更糟。尽管重大成功和失败都会成为新闻，但实际情况是大多数数据科学项目都以失败告终。2019 年《创业周刊》报告称这类项目的失败率为 87%，奥尼尔认为失败率为 85%，而我的同事皮尤什·马利克则认为这一比例实际上超过了 90%。《哈佛数据科学评论》的一篇文章在综合了 New Vantage Partners、麦肯锡、斯隆管理评论/BCG 和 Gartner 的调查后也支持这一观点。事实上，尽管有炒作，根据斯隆管理评论/BCG 的调查，只有 10%的公司报告称其人工智能项目带来了显著财务收益。事实上，机器学习在医学领域可能正在面临信誉危机。

不幸的是，在许多情况下，数据科学带来的负面影响超过了正面影响。面部识别系统的偏见问题成为头条新闻——这是理所应当的。它很可能将历史偏见融入系统之中，使之更难以分辨。在《数学毁灭性武器》中，凯茜·奥尼尔提供了一个又一个例子，涉及学生、求职者、工人、贷款申请者和患者。

重要的是，数据科学的成功需要付出很多努力。在许多情况下，数据本身并不能完成相关工作。在典型的数据科学项目中，也许50%～80%的工作都花在了处理这些数据问题上，但糟糕的数据仍然会危及大多数人工智能工作。更糟糕的是，数据科学家似乎广泛意识到这些问题，但不想亲自处理这些问题。最后，即使数据科学家能够开发出可靠的模型，部署也存在问题。

一连串的数据问题仍在继续。先看看数据泄露。人们可能永远无法得知黑客的范围和造成的损害。黑客攻击的数量和被盗的敏感数据记录正在迅速增长（此类违规行为的报告也可能正在改善）。《安全杂志》报告称，2020年发生了近3,000起数据泄露事件，涉及360亿条数据记录，而2014年数据泄露事件不足1,000起（数字花园）。在我看来，这个问题已经失去了往日的震撼力。

接下来，再看看数据隐私。我个人受到一位不知名的预言家见解的影响，这位预言家在大约30年前建议"隐私对于信息时代的意义就像产品安全对于工业时代的意义一样"。正如社会期望公司通过提供安全的产品来保护消费者一样，他们也期望公司能保护客户的身份和数据。

有一些数据表明这位预言家的见解可能是正确的。几乎每个人都表示他们认为隐私很重要。在世界一些地区，法律和习惯限制政府使用个人身份信息（PII）。一些司法管辖区已通过法律法规对公司合法使用PII的行为进行了严格限制。《通用数据保护条例（欧洲）》（GDPR）、《加州隐私法》和《伊利诺伊州生物识别信息保护法》就是一些代表性例子，就连脸书也公开呼吁制定新的互联网法律。最后，思科主导的最新研究表明，有一小部分具有影响力的消费者已经对那些隐私政策或行为不当的公司采取了行动。这项研究表明，那些能与这些消费者建立合作的公司可能会迎来新的机会。

另一方面，对于上述每一点，都存在有力的反例：
- 很少有公司表现出真正关心消费者隐私的态度。共享PII，将其用于营销活动或识别潜在犯罪分子等，显然有相当大的优势。但是，很难琢磨透大多数公司的政策。
- 尽管对亚马逊、WhatsApp 和谷歌可以处以高额罚款，但总体来说，法律执行力度偏弱，实际罚款金额偏低。
- 投资者尚未对违规公司进行惩罚。2016 年剑桥分析（Cambridge Analytica）丑闻后，脸书似乎深陷困境，但其股价却持续稳步增长。
- 无论如何，在美国目前的政治形势下，立法真正落实的机会似乎微乎其微。
- 侵犯隐私不再令大多数人感到震惊。

对于其他法规违规和安全问题，情况似乎也大体类似。花旗集团因不当行为被货币监理署罚款 4 亿美元。艾可飞（Equifax）在 2017 年的数据泄露事件后似乎陷入了真正的困境，并在 2020 年支付了 13.8 亿美元的罚款，其中 10 亿美元用于必须实施的安全升级。与隐私问题一样，资本市场和消费者对此也很宽容。

在美国，除非违规行为极为恶劣，否则短期内大概不需要过于担心。在欧洲和其他重视隐私的地区，情况可能更为复杂。

当然，公司并非完全忽视了数据带来的机遇和挑战。许多公司已经聘请了首席数据官（CDO）和/或首席分析官（CAO）来整合其数据工程。尽管有许多成功案例，但总体进展仍然缓慢且不确定。例如，首席数据官的平均任期不到两年半，而其中能真正胜任的却不到一半。兰迪·比恩和托马斯·达文波特在他们的文章《你对首席数据官的要求是否过高？》中阐明了还有许多工作要做。这也解释了为什么首席数据官很难获得关注。Gartner 正在为其客户提供有关 CxO 5.0 的建议。如果这一角色刚刚开始被接受的话，我们肯定不会（在短短十几年内）进入第 5 版。

最后，许多公司自豪地宣称他们正在管理自己的数据资产和/或正在采纳数据驱动的文化。然而，托马斯·达文波特和我怀疑，最多只有 5% 的公司能够有效地管理数据，更不用说将其充分利用了。尽管我没有正式进行相关研究，但在我看来，许多公司只是简单地将"数据驱动"的标签贴在他们正在做的事情上，然后依旧继续工作。因此，就有了我们现在看到的数据驱动的云存储、数据驱动的营销、数据驱动的客户支持等。但是，很难看出这些与传统的云存储、营销和客户支持有任何区别。

诊断

在过去的几年里，我和其他人越来越担心前面提到的缓慢进展和高失败率。企业会不会因为理所当然地要求结果而踩刹车，并在其他地方寻找增长机会？

在这种背景下，我下定决心要理解为什么进展如此缓慢。我回顾了我的客户和其他人的成功和失败经历，还花了很长时间与一家中型媒体公司的董事长一起探讨其公司中各种数据的应用情境。我与数十人甚至数百人交谈过，并组建和/或参加了一些研究小组，深入研究包括数据管理的业务价值、数据科学、通用语言、变革管理以及数据供应链管理等问题。我还与公共领域的其他专家以及客户一起对研究结果进行了验证（我已在致谢部分提到了一些参与人员）。

从 2020 年秋天开始，我就在总结所学到的东西（其实"重新总结"可能是更准确的描述，因为这肯定不是我第一次尝试这么做）。由于数据的话题涵盖许多领域，我的分析细分为下面五个较小的领域，这些领域之所以被选中，是因为任何一个领域的失败都可能让一个原本极好的数据工程泡汤：

- 数据质量：劣质数据会增加巨大的成本和争执。
- 让数据发挥作用：除非公司以能够带来价值的方式让数据发挥作用，否则这些数据就几乎没有商业价值。使用数据的方式包括数据科学（包括人工智能和机器学习）、利用专有数据、营造数据驱动的文化、通过销售数据或将数据构建到产品和服务中实现数据货币化，以及将数据视为资产。
- 组织能力：这指的是组织内支持数据工程的人力资源、组织结构和组织文化。例如，数据孤岛可能会妨碍数据共享。
- 技术：每个公司的技术基础设施都会有所不同，但如果没有合适的工具和技术，公司将很难扩展其数据工程。

- 防御：这一类别涵盖了公司为了将风险最小化而必须执行的所有主要任务，包括安全、隐私和伦理。

我使用"力场分析法"（Force Field Analysis，一种源自库尔特·卢因变革管理模型的工具）来分析和可视化驱动力（推动数据工作的力）及约束力（阻碍数据工作的力），并通过图示的方式使这些力更加清晰。为了加速进步，你可以增强驱动力、增加新的驱动力，或减轻约束力。（注：我推荐所有希望在其组织中推进数据工作的人使用力场分析法。请参见资源中心 1 中有关工具 A 的详细描述。）

2021 年 8 月，我首次广泛公开了五个领域的力场分析法，并对每个领域的分析进行了简短讨论。在每个领域，驱动力都绘制在线下方，表示支撑感兴趣的因素。相比之下，约束力则绘制为向下抑制该因素的向量。

数据质量

正如力场分析法所示（参见图 2.1），虽然存在强有力的驱动力可以帮助企业提高数据质量，但也有大量的约束力。其中，组织问题是主要障碍。当所有使用数据的人都承担起数据创建者（他们创建其他人使用的数据）和数据客户（他们使用其他人创建的数据）的责任时，数据质量会迅速提高。不幸的是，大多数人对这些角色并没有正确的认识。事实上，许多公司将数据责任分配给了他们的 IT（信息技术）部门。

一个业务部门遇到的许多数据质量问题可能始于另一个业务部门，但组织的数据孤岛导致这些问题难以解决。当这些力积累并相互作用时，它们可能会威胁到一些战略重点。例如，不良的数据质量可能会严重阻碍人工智能项目和数字化转型的进展。

让数据发挥作用

正如力场分析法所示（参见图 2.2），有很多令人信服的数据科学成功案例。数据科学正展现出一定的发展势头：合格数据科学家的数量正在增长，大型科技公司（所谓的 FAANG）展示了数据科学的可能性，而其他公司也被人工智能的炒作和承诺所激励。

22 人与数据：协同驱动业务变革

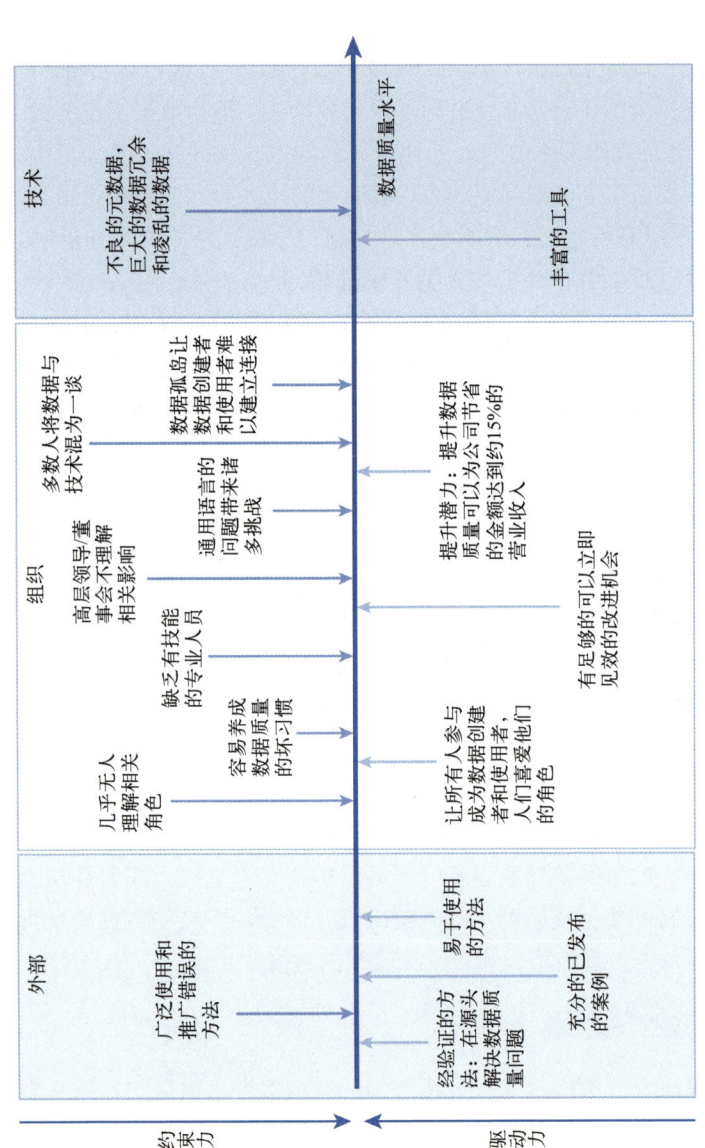

外部

约束力：
- 广泛使用和推广错误的方法
- 经验证的方法：在源头解决数据质量问题
- 不充分的已发布的案例

驱动力：
- 易于使用的方法

组织

约束力：
- 几乎无人理解相关角色
- 缺乏有技能的专业人员
- 高层领导重要会不理解相关影响
- 多数人将数据与技术混为一谈
- 通用语言的问题带来诸多挑战
- 数据孤岛让数据创建者和使用者难以建立连接

驱动力：
- 让所有人参与成为数据创建者和使用者，人们喜爱他们的角色
- 容易养成数据质量的坏习惯
- 有足够的可以立即有效的改进机会
- 提升潜力：提升数据质量可以为公司节省的金额达到约15%的营业收入

技术

约束力：
- 不良的元数据，巨大的数据冗余和凌乱的数据

驱动力：
- 丰富的工具

数据质量水平

图2.1 高质量数据

第 2 章 机遇与挑战 23

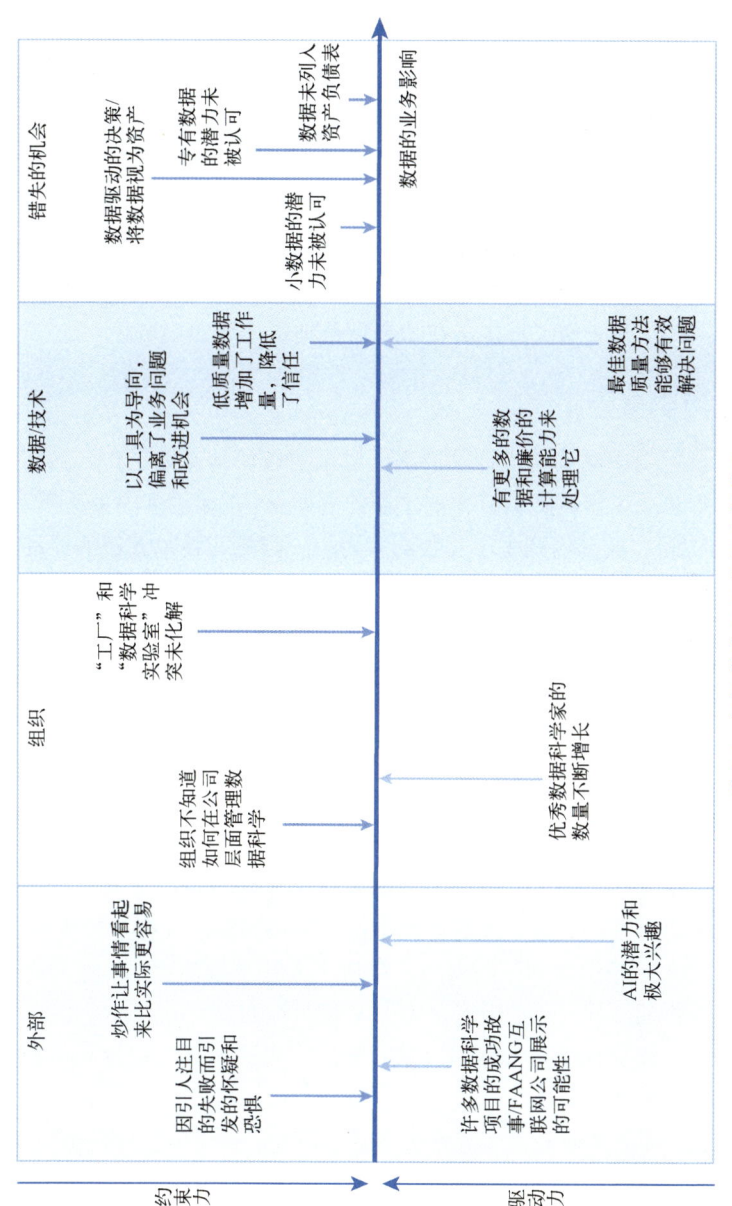

外部	组织	数据技术	错失的机会
炒作让事情看起来比实际更容易	"工厂"和"数据科学实验室"冲突未化解	以工具为导向，偏离了业务问题和改进机会	数据驱动的决策/将数据视为资产
			专有数据的潜力被认可
	组织不知道如何在公司层面管理数据科学	低质量数据增加了工作量，降低了信任	数据未列入资产负债表
因项目失败而引人注目引发的怀疑和恐惧			小数据的潜力未被认可

→ 数据的业务影响

| | 优秀数据科学家的数量不断增长 | 有更多的数据和廉价的计算能力来处理它 | |
| 许多数据科学项目的成功故事FAANG互联网公司展示的可能性 | AI的潜力和极大兴趣 | 最佳数据质量方法能够有效解决问题 | |

约束力

驱动力

图 2.2　数据货币化让数据发挥作用

然而，失败的案例远远多于成功的案例，而且约束力占据了主导地位。数据科学团队致力于推动变革，而企业其他部门则致力于维持稳定，两者之间内在的结构性对立构成了巨大的障碍。业界的炒作使数据科学看起来比实际简单得多。如果开发一个模型的成本是一美元，那么部署它的成本大约是一百美元，而公司通常没有进行这项投资。

此外，数据科学只是让数据发挥作用的一种方式。如前所述的小数据和专有数据都提供了令人欣喜的机会，但大多数组织甚至没有关注到这些机会。更糟糕的是，数据并不会出现在企业资产负债表或损益表上，从而关闭了许多潜在的实现数据货币化的渠道。

组织能力

公司组织结构的设计本应帮助员工更轻松地完成工作。然而，组织本身却成了阻碍数据工作的主要问题所在，正如诸多约束力所示（参见图 2.3）。我已经列举了三种约束力——数据和技术管理的混乱、数据孤岛，以及员工不了解自己作为数据客户和数据创建者的角色。此外，还有四个约束力值得特别关注。

首先，缺乏熟练的数据架构师、工程师和质量专业人员，使得解决前面提到的数据质量问题变得更加困难。

其次，尽管许多组织声称"数据是新的石油"，宣扬数据是资产，或者敦促员工用数据来决策，但现实却大相径庭——对于大多数员工来说，数据不过是他们工作中需要的另一件事物而已。公司没有找出从数据中获利的方法，也没有妥善处理数据，也没教会员工如何利用数据做出更好的决策。撇开炒作不谈，他们实际上没有重视数据。

再次，恐惧加剧了约束力。即使个人并不重视数据，他们也能察觉到炒作的存在，并意识到巨大的变革即将到来。人们害怕失去工作、被淘汰、丧失地位等，这是合情合理的。恐惧也让公司远离他们知道需要做出的改变。

最后，大多数高层领导都处于观望状态，也许他们自己也很害怕，或者不确定该怎么做。

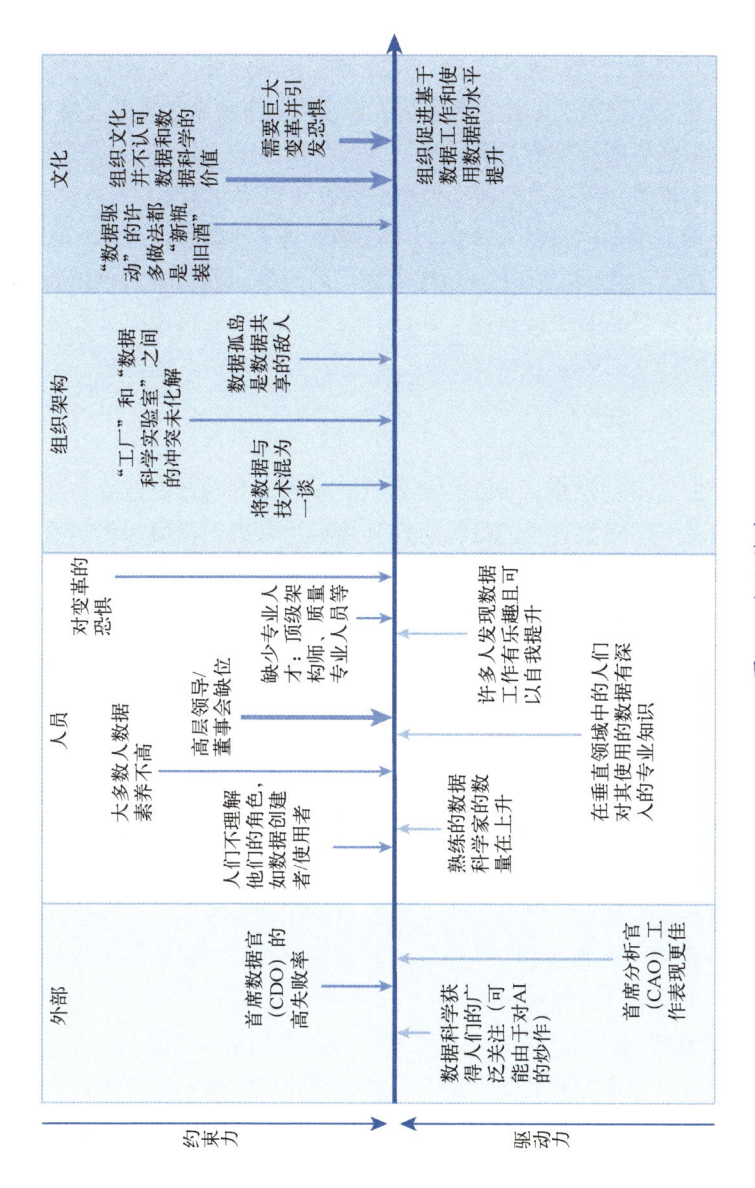

图 2.3 组织能力

技术

许多新技术,包括人工智能、云计算和物联网等,已经证明它们的价值所在。尽管如此,对于大多数公司来说,实施新技术并不容易,因为有许多强大的约束力在阻碍进展(参见图 2.4)。各种形式的技术负债是一个主要问题,正如前文提到的数据质量的低水平。

或许最严重的问题是业务部门和技术人员之间的不良关系。许多业务人员坦言,他们不信任信息技术部门的同事,而技术人员则表示他们工作负担过重且不被重视。在这种情况下,企业很难充分发挥他们所拥有的技术优势。

防御

GDPR 和其他法规、一些巨额罚款、不断上升的数据泄露和恶意软件,以及一些重要客户的行为等种种约束力都表明需要加强防御措施(参见图 2.5)。然而,这些约束力总体上比较弱。此外,投资者和客户在很大程度上已经原谅了那些违反法规的公司。尽管如此,公司仍应密切关注这些因素,因为环境可能会迅速变化。

总结

需要明确的是,有不少好消息。数据科学和数据质量的基本原理已经被厘清并得到验证。许多技术都可以达到任务要求,且优秀的数据科学家数量在增加。然而,当今的组织还不适合数据,从而带来的障碍多种多样,致使数据工作进展依然缓慢。深入分析后,可以得到以下七个比较重要的观察结果:

1. 最重要的约束力是在数据工程中缺乏普通员工的参与。公司不知道企业应该对他们有什么期望,因此普通员工对他们应该做什么数据工作一无所知。

第 2 章 机遇与挑战

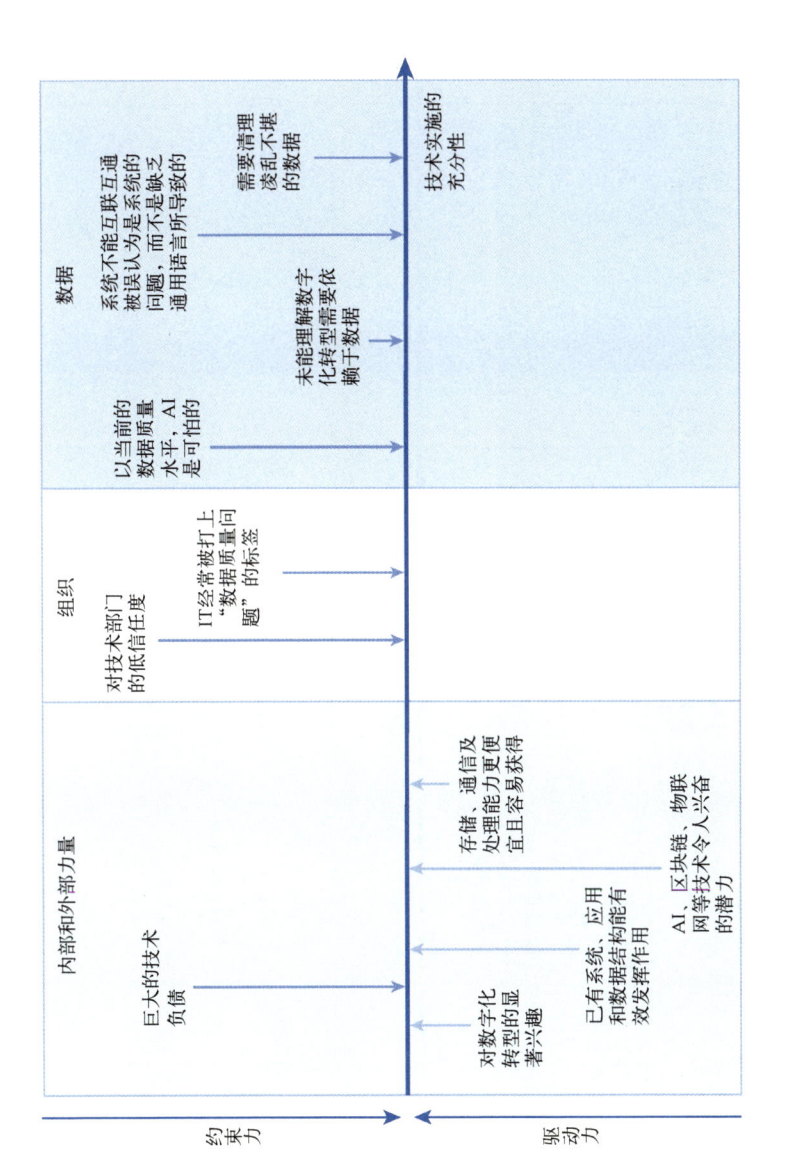

图 2.4 技术

内部和外部力量

驱动力：
- 对数字化转型的显著兴趣
- 已有系统、应用和数据结构能有效发挥作用
- AI、区块链、物联网等技术令人兴奋的潜力
- 存储、通信及处理能力更便宜且容易获得

约束力：
- 巨大的技术负债

组织

约束力：
- 对技术部门的低信任度
- IT经常被打上"数据质量问题"的标签

数据

约束力：
- 以当前的数据质量水平，AI是可怕的
- 系统不能互联互通被误认为是系统问题，而不是缺乏通用语言所导致的
- 未能理解数字化转型需要依赖于数据
- 需要清理凌乱不堪的数据
- 技术实施的充分性

28 人与数据：协同驱动业务变革

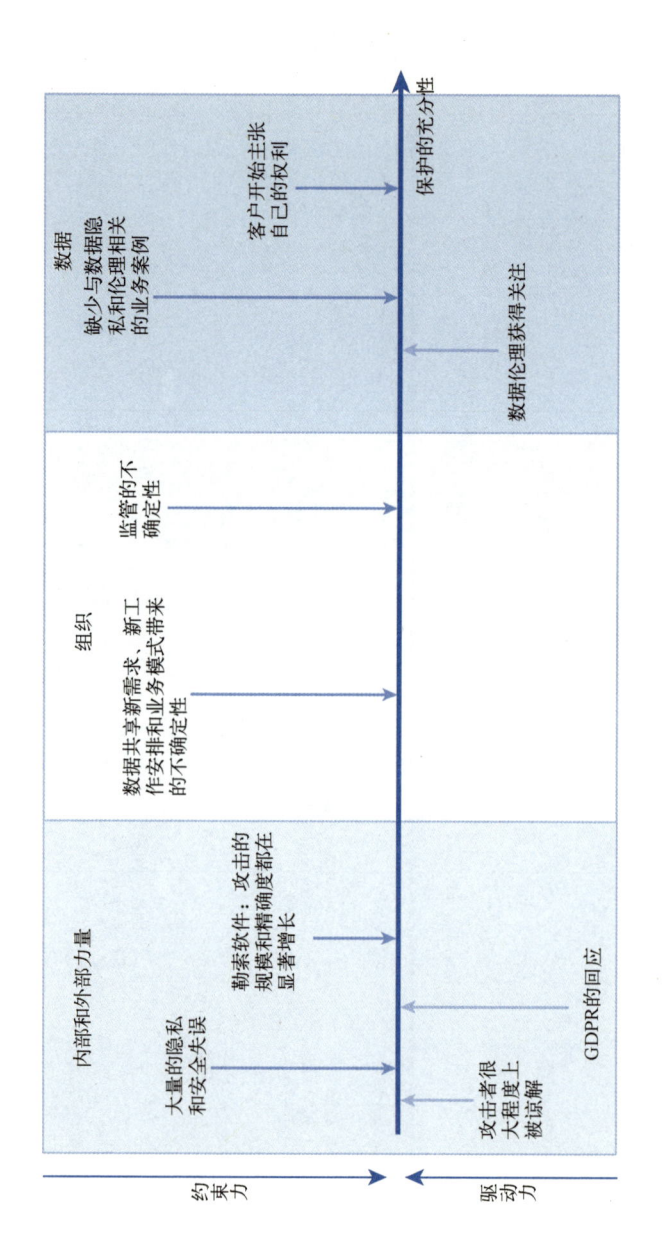

内部和外部力量

- 大量的隐私和安全失误
- 勒索软件：攻击的规模和精确度都在显著增长

组织

- 数据共享新需求、新工作安排和业务模式带来的不确定性
- 监管的不确定性

数据

- 缺少与数据隐私和伦理相关的业务案例
- 客户开始主张自己的权利
- 保护的无效性

约束力 →

驱动力 ←

- GDPR的回应
- 攻击者很大程度上被误解
- 数据伦理获得关注

图 2.5 防御

2. 低质量的数据会对日常工作、数据科学和其他实现数据货币化方式的影响具有窒息作用，并且妨碍新技术的实施。

3. 数据孤岛会造成阻碍。它们妨碍了数据质量，并在各个层面上干扰了数据共享。数据科学团队和业务团队之间存在相当大的紧张关系。由于缺乏通用语言，系统间无法互连互通。

4. 大多数个人和公司混淆了数据管理和技术管理，从而阻碍了对两者的正确管理。

5. 文化并不重视数据和数据科学（尽管许多企业说他们重视）。相反，人们对两者都充满恐惧。这在一定程度上是可以理解的——所需的变革是巨大的。

6. 虽然公司在各个层面都缺乏所需的数据人才，但最重要的缺口是高层数据人才。高级业务经理尚未参与数据工作，可能是因为他们不了解应承担哪些数据任务。

7. 尽管数据泄露事件越来越多，人们对隐私的关注度也与日俱增，但投资界和公众尚未对违规和侵犯隐私的公司进行严厉惩罚。尽管如此，不确定性依然存在，公司应继续关注客户情绪和法规的变化。

考虑到所有这些问题，人们可能会想，企业是否应该极其谨慎地行事：通过遵守法律来避免麻烦，等待途径、方法和技术成熟，保持警觉并在合适的时机再采取行动。然而，这种诊断表明，这些想法是短视的！实际上，是组织问题阻碍了公司发展，而等待并不能解决这些问题。要解决这些问题需要付出很多努力，并且这些问题是可以解决的。

在思想开放和技术精湛的人手中，方法、途径和技术完全可以胜任这项任务。

本书的其余部分将探讨上述观察结果中的前六个。总体而言，第一个呼吁让所有人参与到数据工作中，而第二至第六个则呼吁充分践行"数据是一项团队活动"的口号。

最重要的收获

- 数据的价值已多次得到验证。然而,企业尚未充分利用其潜在价值。更糟糕的是,数据质量低下,增加了大量的争执和风险。
- 当今的组织尚不适合数据工作。最重要的一个问题是普通员工没有参与到数据工作中。
- 其他重大问题包括:数据孤岛和缺乏通用语言阻碍了人们的合作,领导力缺位,人们对数据与信息技术的作用存在明显的概念混淆,组织文化并不重视数据。

第 3 章

构建更好的数据组织

为妥善解决第 2 章描述的数据问题，企业需要构建一类与以往不同、适合数据工作的组织。一个高度协同的数据组织，应考虑在现有的组织架构上，将普通员工摆在前沿和中心的位置，便于员工间协同工作，还应设置数据团队来帮助他们提高效率，并确保信息技术部门发挥其应有的作用。此外，还应让高层领导从事他们能真正完成的工作，并领导企业的数据工作。本章详细介绍如何构建这样的组织。

图 3.1 展示了组建一个更适应数据特征的组织应具备的要素。本章将对这些要素做详细说明：

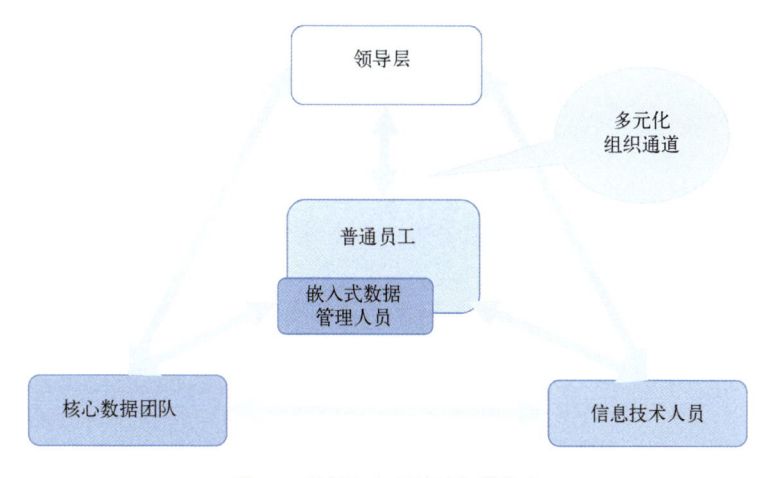

图 3.1 数据组织的关键组成部分

- 普通员工。
- 多元化组织通道。
- 信息技术人员。
- 数据团队。
- 领导层。

以普通员工为中心

缺少普通员工的参与（详见第 2 章）是阻碍数据工程实施最重要的约束力。大多数人以前并未意识到这一点，而当听到该观点后，大家都很认同。毕竟，如果要让数据真正流动起来并发挥潜能，企业必须要让全员参与。这一点体现在"管理转型 101"课程内容中。大家逐步认识到，普通员工是被无意识地排除在外了。

收益

更为重要的是，如同本书所述，普通员工是所有数据相关工作的核心——从在工作中使用数据到提高数据质量，再到使用数据做决策，进而到利用最新的人工智能模型优化工作流程。更进一步，当普通员工利用更多、更好的数据改进工作时，实际收益将逐步展现出来，包括增加收入、降低成本、防控风险、与客户建立更紧密的联系。有人早有预见这个现实，在 20 世纪 50 年代初，塞缪尔·威尔克斯引用了 H. G. 威尔斯的一句话，"总有一天，对于高效公民而言，统计思维与读写能力同等必要。"虽然威尔斯当时提到的是公民而不是员工，但他的观点对于当今企业同样重要。

简言之，如果没有大多数员工的充分参与，公司基本无法利用数据做很多事情。如果没有大量人员参与数据工程，很可能工作成效很低，甚至会彻底失败。

以上分析说明了为什么将普通员工置于图 3.1 的中心。

然而，至今多数公司仍将员工视为"问题的一部分"。正如莉奥纳·卢普拉尔在她的"数字化转型"硕士学位论文中指出，"所有人最后才会想到员工，而当真正打算让员工都参与时，却为时已晚"。更糟的是，当许多员工已精疲力竭时，他们还必须处理大量乏味的数据问题才能完成工作。大多数员工不是寻找新的方式将数据融入工作，而是花费大半天时间去修正错误数据，确认可疑数据，处理不同系统之间的数据差异。正如前言所述，每个人的工作都由两部分组成：

- 本职工作。
- 为完成本职工作，处理乏味的数据问题。

这是对人才的极大浪费。

更糟糕的是，许多员工还担心自己会被统计学、数据科学、人工智能和数字化转型所取代，难怪他们会筋疲力尽。

这更是对金钱和时间的巨大浪费。即使那些毫不关心赋能、员工满意度或跨部门合作等的领导层也必须关心生产效率。

数据就是人员赋能

多年来，我看到了（并且帮助过）成千上万的普通员工利用数据解决重要问题。一开始，许多人持怀疑态度，甚至害怕。一旦他们投入其中，大多数人都会喜欢上这项工作，热衷于个人成长，为所做出的贡献感到自豪。这些贡献包括发现并消除质量问题，发现提高团队绩效的简捷方法，或者在工作中构建新的分析技术。他们喜欢团队合作，尤其是打破数据孤岛，跨越公司边界的工作。先前许多提出改进建议的员工，在掌握数据后，可以向管理层拿出确凿的证明材料。这是非常棒的事情！

我将人们在掌握新数据技能时的感受比喻为如同年轻人学会骑自行车时的欢愉之情。他们为自己感到骄傲！他们发现，骑自行车为他们带来前所未有的自由。数据也是如此。正如一位中层经理所说："我们已经看到了曙光。我们不会再回去！"非常典型的例子是这位经理，他为终于拥有某些控制权而兴奋不已。消费品、能源、金融和医疗保健等各行各业的员工都会体验到这种快乐。令许多人惊讶的是，加入工会的员工也是如此。一支敬业、积极的员工队伍是极具生产力的队伍。

要实现"数据就是人员赋能"的目标，公司必须解决普通员工参与少、培训少的问题。因为普通员工可以做出很多贡献。对于勇于尝试的个人和公司，机遇无处不在。只要帮助人们利用数据给自己赋能，美好目标必将达到！

观察

以上这些观察至关重要。这意味着，每个数据科学项目都应该从"受影响的是谁？如何让他们参与其中？"等问题入手。解决数据质量必须从"谁接触这些数据？如何让他们参与其中？"等问题开始。提高业务绩效也必须从"我们需要哪些数据来完成这个项目？我们需要谁来参与其中？"等问题开始。每一个公司层面的数据工程都应该从"如何让全员参与其中？"这个问题开始。

这是一种微妙而意义深远的思维转变。个人和公司必须想方设法地让全员参与。庆幸的是，许多普通员工已经做好了准备。

责任，不仅仅是权利

当然，如果公司希望员工做出贡献，就必须弄清楚对员工的期望是什么，向员工说明对他们的期望，并给员工提供相应的指导、培训和支持。我认为普通员工可以在以下五个方面做出贡献：

1. 成为质量工程的数据客户和数据创建者。
2. 成为流程优化的"小数据"科学家。
3. 成为大型数据科学、人工智能、数字化转型和其他数据货币化项目的合作者、数据客户以及数据创建者。
4. 特别在理解并遵守隐私和安全政策方面，成为公司数据资产的守护者。
5. 成为更好的决策者。

扩展阅读：数据公民

数据民主化或数据公民的概念最近引起了人们的关注。其基本思想是人们有权访问、信任和共享自己的数据所有权。这是一个重要的想法,我完全支持。

但这还不够。因为如果没有保障手段和明确的责任,就没有权利。对于数据来说也是如此——将普通员工放在首位和中心的一个重要部分就是明确你期望他们如何做出贡献。

当普通员工承担这些责任时,就会成为"数据践行者"。对于数据践行者在前言中有介绍,并将在第 4 章做深入讨论。.

当然,几乎没有人会预想到这些,更不知道该关注什么。公司首先必须认真思考,希望利用数据实现什么样的目标。正如我将在第 5 章和第 6 章所谈到的,首先要从数据质量抓起,其次是小数据。设想一下,如果每个人工作不是上述内容,而是以下两部分,那么公司会变成什么样:

- 本职工作。
- 帮助提升所在团队业绩及公司其他团队业绩。

这种转变可以分为两步,如图 3.2 所示。数据则让这种转变成为可能。有效激活数据,将给员工乃至整个公司赋能!

当前
工作内容:处理单调的数据问题 → 数据质量 → 工作内容 → 小数据 → 未来
工作内容:通过小数据提升团队的工作绩效

图 3.2 建议通过数据质量和小数据项目转变普通员工的工作

随着公司逐渐习惯了解决数据质量和小数据问题,它们将面临某些艰难的战略抉择。长期战略是否该依赖于人工智能、专有数据、小数据、最佳决策,还是其他什么?哪些商业机会应该优先考虑,并推动数据工程?哪些工作应该从高层推动或哪些工作应该从基层推动?公司如何具备并保持竞争优势?公司如何有效保护个人隐私和确保数据安全?只有在全职数据专业人员协助下,公司最高领导层才能回答这类问题。我将在第 9 章中讨论这些主题。无论结论如何,毫无疑问,必须将普通员工置于核心位置。

多元化组织通道

专业化、劳动分工、生产流水线及层级制度是工业时代典型的管理创新，这些促进了产能的爆炸式增长。这些理念非常成功，从工厂推广至后台部门和分销渠道。

如今，这些理念可谓喜忧参半。我注意到数据以菊花链形式在跨部门间流动：销售线索数据需要在开发订单、处理订单、管理报告等过程中使用。所有人都在使用数据来完成本职工作，然后将所创建的数据传递给业务流程中的下一个人。

工业时代，汽车工厂的装配线实现了各组工人制造汽车需要的协同工作。一组负责安装发动机，一组负责挂车门，一组负责给汽车喷漆，依此类推。挂车门的工人不必考虑喷漆！这样，他们不必浪费时间去接触糟糕的油漆工作，不像现在的销售人员要用大量时间去修正市场部门的数据。

各业务部门彼此相互独立的信息系统进一步加剧了这类数据问题。由于市场、销售、财务、运营和管理等部门都在使用各自独立的系统，少数部门比较容易"谈得来"，但多数难以沟通协调。这进一步扩大了技术欠债，也让组织内数据壁垒变得更高、更厚。

从合理性来说，数据工作是一项团队活动，需要在普通员工之间构建一套前所未有的协同工作机制。我打算用"多元化组织通道"这个术语来概括这种协同机制。客户-供应商模型、数据供应链、通用语言、数据科学之桥和主动变革管理等具体手段，分别针对特定业务需要，并提供相应支撑方案。我将在第7章中全面介绍这些概念。重要的是，数据团队必须在建立和维护这些通道方面发挥重要作用。

将数据管理与信息技术管理区分开来

大型数据工程需要强大的信息技术做支撑。但当前，公司已实现的目标与可能实现的目标之间存在着巨大的差距，而且这种差距还在逐步扩大。我的观点是，"业务"人员和信息技术人员是加剧这类差距的根源。这类问题的实质是，将数据管理角色同用于生成、存储、传输和处理数据的信息技术两者混淆在一起。特别是，太多人将两者混为一谈，更糟糕的是，将数据从属于技术。这种不良的思潮导致企业对 IT 部门抱有不切实际的期望，即希望 IT 部门能够完成一切数据任务，而实际上难以实现，进而导致业务部门降低了对 IT 部门的信任。信息技术人员可能会反过来，要求业务承担起数据责任，但这也很难实现。消极推诿开始出现，人们对技术持怀疑和抵制的态度，导致实用的技术升级停滞，这如同被关进封闭的盒子里。

我将在第 8 章对此做更全面的解释，双方都需要付出更多的意愿和努力才能解决这一混乱局面。但这个过程可以从简单的步骤开始。首先，要明白数据和 IT 是两种不同类型的资产，需要采取不同的管理方式。这样信息技术人员就有了更切实际的目标，包括提供基础数据的存储、传输和处理能力，以及自动化执行设定好的各类流程，进而扩大范围并降低成本。有了这些共识，就能更积极地推动数字化转型，继而构建更简洁、更强大、更出色、能够促进先进数据科学的数据架构。

最终，所有变革都是高层主导

我不是变革管理方面的专家，但"所有变革都源自基层，所有变革则都由高层主导"，这句话几十年来一直萦绕在我的脑海里。它体现的观念是，新的想法总是由新来的、年轻的、低级别的员工带入公司。这些新想法通过组织架构的逐层审核。首先是部门主管弄清楚这些想法的优势后再上报，接着是副总裁，最终才是首席执行官。只有更高级别的管理者审核通过，新想法才有机会得以实施。

在数据领域，这套流程可能行不通。数据质量、小数据和大规模数据科学等最佳实践，已经被反复验证是行之有效的。但高层管理者却不愿意或无法承担起领导责任，将这些技术在全公司内推广应用。

> 在某些方面，我同情高层领导。数据、统计和人工智能是如此虚幻。也许在不知不觉中，他们在整个职业生涯中都在处理劣质数据，但这并没有阻碍他们进步。他们的同事或竞争对手似乎很少对此有兴趣。更糟糕的是，数据空间是一个巨大的、难以控制的混乱。绝大多数高层领导者根本不可能对数据、数据的适用范围、问题和机遇，以及他们应承担的角色有足够的了解。
>
> 综上所述，虽然我的样本不够大，无法一概而论，但似乎大多数人确实想提供帮助，但他们不知道该怎么做。这让我得出结论，对于资深的数据人员来说，无论其头衔如何，一项重要任务是"向组织高层提供培训"。

下面这个小故事出现在我和我的客户（一家大型跨国公司的中高层管理者）的讨论中。他和他的同事通过提升数据质量，为公司带来可观的成效，即每年可以节省数亿美元，而且只需要推广这些经验，整个公司就能节省数十亿美元。大约五年内，公司经历了三次重大重组。然而，领导层却没能发现这种潜力，他既沮丧又很理智。

"托马斯，不用担心，"他说，"每次重组，都是新的机遇，我们将找到更适合数据发挥作用的地方。"

我并不赞同这种观点，我回答说："我认为你完全搞错了次序。我认为，公司首先要想清楚拿数据来干什么。然后，再实施重组。如此周而复始。"

他思考了一下，也表示认同我的观点。他承认，我可能是对的。重组已经持续了十多年，但数据和员工总是事后才顾及。

显而易见，普通员工和数据团队可以而且应该能够承担更多的任务。释放数据潜能，需要高层领导来推动。事实上，在我知道的所有成功案例中，团队和部门级别的领导推动都是其基本特征。拥有"C

（即首席）头衔的高级别领导们必须承担起不可推卸的责任：构建这里所倡导的数据组织，将数据与业务战略结合起来，营造拥抱数据的文化氛围。第 9 章将对这方面做详细介绍。

数据团队的新角色

长久以来，个人、企业及政府必须管理各自的数据。除了最近 50 年，几乎所有数据都存储在纸上。办公室有巨大的档案室和"文员"，图书管理员和公司档案管理员负责标记和存储纸质文件，帮助人们检索和查询所需的资料。

大型企业还会聘请少量的专家，这些专家一般拥有统计学、运筹学、物理学及其相关学位，进行创新、改进产品和服务，并解决特别棘手的问题。

随着企业将这些后台部门的工作逐步自动化，情况发生了改变。计算机意味着海量数据被保存在芯片上，而不再是纸张上。进而，伴随着数据架构、集成、存储、数据仓库以及各类处理数据的"系统"的发展和专业化需要，新一代数据管理专业人员也在不断成长起来。大多数数据专业人员在管理信息系统、信息技术和其他领域找到了自己的职业方向。

计算机变得越来越强大、越来越便宜，从后台部门逐渐融入现代生活的每个角落。个人计算机、移动电话和数百万以上各类设备，意味着管理大量数据的责任落到这些设备的所有人身上，而不再是专业人员。无论喜欢与否，普通员工在管理数据，他们的大多数通常都未经培训或者得到技术支持！

此外，近年来，企业已开始尝试在业务的关键流程环节上利用数据做更多的事情。这并不奇怪，高质量的数据和数据科学、人工智能和数据货币化蕴含着巨大的潜力。企业聘请首席数据官和/或首席分析官来主导数据工作，启动数据治理工程，和/或组建卓越中心来实现这些目标。如第 2 章所述，大多数人的表现并不令人满意。

我的观点是，企业几乎没有想清楚数据团队应该承担哪些职责，更没有对普通员工提出新的严格要求。企业也没有思考过将数据团队置于现有组织架构中的哪个位置，而更愿意在应对紧急需求时，简单地让数据团队充当"救火队员"。认为数据从属于技术的传统观念导致了许多失误，而技术是用于迁移和管理数据的。最后，数据是一种特殊的资产，具有与人力和资本等其他资产不同的特征。对你完全不清楚的事物进行管理，是非常困难的。

企业需要数据团队提供更多的支撑。数据团队必须更加接近普通员工，帮助普通员工理解和履行好新职责，要将先进的方法融入业务部门，在处理诸如通用语言等企业级问题方面发挥应有的作用。如前所述，对于资深数据专家而言，特别重要的任务就是按照"组织架构图"组织培训（海湾银行首席数据官迈·阿尔瓦伊什认为，这是她最重要的工作）。所有这些都需要新的思考。在第 10 章中，我们将就这个主题进行详细讨论，引导核心数据团队完成这些任务。我们还将介绍嵌入式数据管理人员，即"嵌入"在业务团队中与专业数据管理人员保持密切联系的人员。嵌入式数据管理人员要掌握所在部门面临的具体数据挑战，并主导相关行动来应对这些挑战。

为员工和公司开展赋能培训

尽管每个员工几乎都能为团队和企业的数据工作贡献力量，但员工知道得越多，能做的就越多。从长远来看，持续提升自身能力、承担本章所述的相关数据职责，以及克服对未知世界的恐惧，都要付出艰辛努力。首先要从最基本的观念出发，尤其是作为数据创建者和数据客户的员工。接着，能够妥善解决业务问题。但令我惊讶的是，很少有人这么做。

在海湾银行，迈·阿尔瓦伊什的数据团队要与数据形象大使（即海湾银行对"嵌入式数据管理人员"的昵称，参见图 3.1）共处大约 12 小时，与其他人员相处 1 小时。DBS 银行报告称，该银行已对 18,000

名人员开展了数据管理基础知识培训。Eli Lilly 和 Travelers 为所有员工开设了数据和分析素养课程,大部分内容都是根据员工的水平和业务职能量身定制的。他们似乎都将 H. G. 威尔斯的话放在心上,认为对所有员工开展培训是至关重要的。

本书最后的资源中心旨在提供帮助:含一套包括八种工具的工具包,用来辅导员工开展这里所要求的工作,还有三门适用于所有员工的数据培训课程。

稳步推进翻天覆地的变革

本节内容将图 3.1 所述的重要岗位和职责,用图 3.3 进一步补充完善。总之,这些代表着数据管理模式的巨大变革,而当下有太多的事情是无法一次性解决的!

因此,将图 3.3 作为长期愿景,并根据业务优先级分步实施。大多企业应该让普通员工从数据质量入手——这会带来最大的短期回报,培养员工的能力,并且是通往数据领域其他工作的关键步骤。之后,我认为不同公司要结合实际选择各种不同的实施路径。

最重要的收获

五个需要实施的要点包括:
- 首先,也是最重要的,公司必须让普通员工参与数据工程。这样做将有助于改进工作,提高团队和公司业绩。
- 建立多元化组织通道,让员工更容易协同工作。
- 将信息技术的管理与数据的管理区分开。公司最高领导层需要立即承担起不可推卸的责任,构建数据组织,将数据与业务战略结合起来,投资建立重视数据的文化。
- 数据团队必须重新调整他们的大部分工作计划来对普通员工提供支持。构建嵌入式数据管理人员网络,以便强化相关工作。
- 高层领导参与数据工作的时机到了。

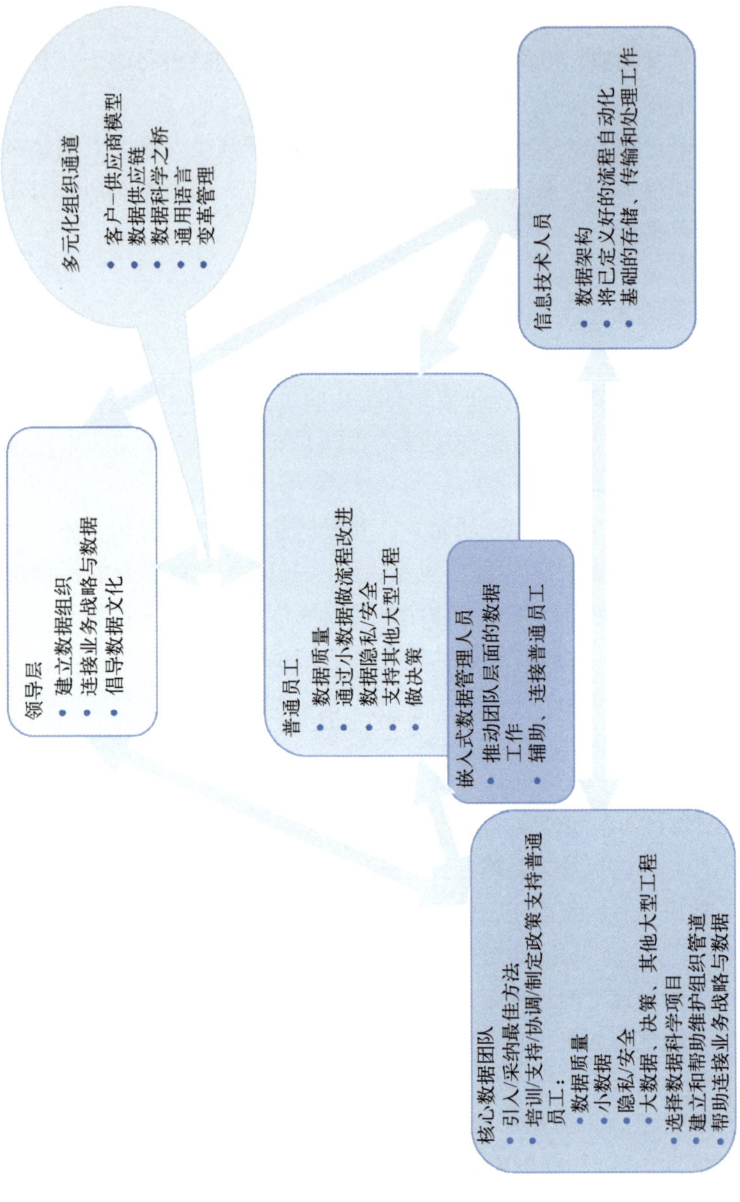

多元化组织通道
- 客户-供应商模型
- 数据供应链
- 数据科学之桥
- 通用语言
- 变革管理

领导层
- 建立数据组织
- 连接业务战略与数据
- 倡导数据文化

普通员工
- 数据质量
- 通过小数据做流程改进
- 数据隐私/安全
- 支持其他大型工程
- 做决策

嵌入式数据管理人员
- 推动团队层面的数据工作
- 辅助、连接普通员工

信息技术人员
- 数据架构
- 将已定义好的流程自动化
- 基础的存储、传输和处理工作

核心数据团队
- 引入采纳最佳方法
- 培训/支持/协调/制定政策支持普通员工：
  - 数据质量
  - 隐私/安全 决策
  - 大数据、其他大型项目
- 选择数据科学项目
- 建立和帮助维护组织数据
- 帮助连接业务战略与数据

图 3.3 建议的数据组织中每个小组的角色和职责

第 2 部分

人　　员

第 4 章

数据践行者与破局者

遇见数据践行者

在面对数据时，大多数人持有一种"漠不关心"的态度。他们虽然依赖数据来完成工作，但往往只是被动地处理数据问题，缺乏主动利用数据来提升团队绩效的意识和行动。更糟糕的是，许多人还担忧统计学、数据科学、人工智能以及数字化转型会威胁到各自的工作岗位。因此，不难理解为何如此多的人会感到筋疲力尽，选择"职场摸鱼"或直接辞职。

遗憾的是，如今数据为每一位勇于探索和把握机会的人提供了前所未有的契机。显然，懂得越多，能做的事情也就越多。实际上，几乎每个人都能在这一领域大有作为，无论你的职业、年龄或训练水平如何。本章我们将探讨机遇中"人"的因素，在接下来的两章中，我们将深入探讨数据具体的应用领域。

大多数人对于劣质数据及其所浪费的时间表现出了惊人的容忍度。然而，日复一日地被政治误导信息以及寻找新常态所面临的挑战所困扰，人们的容忍度开始逐渐降低。尽管小部分人关注的是宏观问题，但对于大多数人而言，恰恰是那些更贴近生活、更具私人性的问题，使得高质量数据和分析对他们来说变得愈发紧迫。诸如以下问题：

- "你们的网站上说有浅蓝色油漆，它在哪里？"
- "我能相信这篇关于当地官员风流韵事的报道吗？"

- "我为假期订购的礼物，是否能及时送达？"

这些问题迫切需要及时且可信的答案。

因此，越来越多的人不再容忍拙劣的回答，而是选择自己寻找更全面、更完整、更准确的相关数据，并运用这些数据来进行全面的自我完善，包括工作和生活。我们把这样的人称为"数据践行者"。

实际上，数据践行者正在积极把握机遇，不仅在工作和生活中主动提升数据质量（详见第 5 章），还积极让数据发挥作用（详见第 6 章）。

当然，数据践行者一直存在，许多技术人员、科学家和业务分析师都符合条件。而且，每个部门都一直有"那么一个人"，他比任何人都更擅长解释数据，并且总是乐于助人。但是，数据践行者的核心和灵魂是那些可以自我赋能的普通员工。

你拥有能力

"赋能"是一个饶有趣味的概念，其核心思想在于，拥有某种能力的人将这种能力与没有这种能力的人分享。推动数据赋能有许多充分的理由，比如多样性可以防止从众思维，带来更佳的成效，实现内部和谐、简单公平。

几乎所有普通员工都拥有比他们想象中更多的能力，在数据领域中尤其如此。老板们通常不会说："无论你做什么，都不要提高质量"或者"很抱歉，我们为缓慢、低效且昂贵的流程感到自豪，不想你找出办法来改进它们。"最后，正如反复强调的那样，如果没有数据践行者，数据工程就无法成功。从某种意义上说，公司对你的需求比你对公司的需求更大！

基于这一主题，辛辛那提的职业顾问鲍勃·保特克评论道："太多的人有很好的想法但不敢说出来。数据赋予他们能力，当你用事实来支撑自己的观点时，这便不再仅仅是你的个人看法了。"

从小事做起

我发现，几乎每个人都对如何改进工作有很多想法，这可能涉及与供应商采用不同的方式合作，处理质量问题，与客户交谈或确保会议准时开始等。所以，请你选择一件感兴趣的事情，并深入其中。

最好从小事做起，先选择一件几天甚至几小时就能完成的任务，最好再邀请一两个同事一起参与。一旦你成功完成了一项任务，就会为下一项任务建立信心，如此循环往复，很快你就会成为数据践行者中的佼佼者！

本书的工具包提供了分步指导。工具 B 帮助你表达自己的需求；工具 C 帮助你进行数据质量监测，工具 D 帮助你完成一个小数据项目，工具 E 帮助你逐步成为一个更好的决策者。这些工具允许你在"不被注意"的情况下进行尝试，即使你失败了，也没有人会知道！

案例分析：艾哈迈德（Ahmed）

艾哈迈德在大学时期主修生物学，原计划进入医学院深造。当意识到自己的 GPA（平均学分绩点）不足以支撑这一梦想时，他决定攻读数据科学硕士学位。硕士毕业后，他加入了一家刚刚开始实施数据项目的地区银行。

艾哈迈德的第一个项目是盈利能力分析，"我在计算机前花了大量时间，努力从模型中提取出'无法解释的变化'，我为自己所取得的成果感到自豪"。然而，业务部门却无人知道如何利用他的分析结果。尽管大家都承认他很聪明，但都认为"他不懂银行业务"。

艾哈迈德表示："我发誓要花更多时间学习业务知识。很明显，银行希望实现业绩增长，因此我专注于寻找服务不足的社区作为目标，并发现了一个看起来非常有潜力的大型少数群体。"然而，当他向高层管理者展示结果时，却再次遭到了质疑。他们想知道艾哈迈德是如何确信他所引用的数据是高质量的。他坦言："我当时没有给出满意的答案，而且当我重新审视数据时，我发现他们的质疑是有道理的。"

艾哈迈德回忆道："我无法确定具体原因，但我感觉自己像是被算计了。于是，我决定寻找一份新工作。"在面试时，艾哈迈德向未来的雇主提出了一个条件，他要求公司指派一位熟悉业务的人与他一起参与所有项目。如今刚满 30 岁的艾哈迈德在新公司已经取得了三项显著的成就，这其中涵盖两项小成就和一项足以让他在高层面前崭露头角的大成就。他感慨地说:"我上的是一所顶尖学校,但他们没有教我任何这种软技能。现在,我已经吸取了经验和教训。"

将你在个人生活中学到的知识运用到工作中,反之亦然

有趣的是,你在工作中处理数据的方法,正是你在家庭中同样需要的。因此,将你在工作中吸取的经验和教训应用到个人生活中,反之亦然,两者是相辅相成的。举例来说,任何数据质量项目的第一步都是了解客户是谁,以及他们需要什么,这意味着要积极倾听。虽然我在工作中学会了这些技能,但在努力成为一个优秀的、能与十几岁孩子沟通的家长时,我发现它们更加宝贵。相反,我向孩子们清晰地解释数据科学时所获得的技能,也帮助我更好地向高层管理者汇报成果。

仔细思考"我能从中得到什么?"

当你积累了一些数据方面的经验后,稍微自私一点也没关系,问问自己:"我能从中得到什么?"有些人告诉我,他们在克服对数据的恐惧并学到新东西时会感到一种特别的满足感,其他人则利用在数据方面的成功来为自己争取更好的晋升机会。相反,有些人消除了对于"如果不跟上这个趋势,他们的职业生涯可能会受到限制"的担忧。当人们在挑战工作中一直让他们感到烦恼的"神圣不可侵犯的事物"时,找到了一种原始的快乐(就像前面提到的年轻人学会骑自行车的快乐),等等。

所以,仔细思考一下吧!然后,精心规划一系列项目,去帮助你实现目标!

推动变革的破局者

案例分析:黄女士

黄女士是一位拥有 25 年教学经验的小学教师,她在 72 号公立学

校教了六年三年级，担任其中一个班级的班主任。"我喜欢三年级学生。"黄女士说道。

"他们知道学校的意义所在而且充满好奇心，嘴上说着不喜欢学校但你能看出他们其实很喜欢。三年级的学生可是个小"万事通"，他们对各种各样的话题都有自己的看法，比如'男孩是不是比女孩更聪明？'或者'食堂的热狗是不是比奶酪、汉堡好吃？'我们就这些话题进行过很多有意义的讨论。"

"一学年里有许多家长来和我们分享他们的工作，其中有一位母亲的职业是我从未听说过的"数据科学家"。为了让大家明白她的工作性质，她通过提问孩子们有关刷牙的问题，立刻勾起了孩子们的兴趣，引发了很多讨论。过一会儿，她说：'好吧，让我们把大家的想法整理一下。'随后，她让孩子们对几个问题进行投票，其中有两个问题给我留下了深刻的印象：'你喜欢刷牙吗？'以及'你使用电动牙刷吗？'"

"然后，她做了一张小图表，问孩子们有什么想法。他们很快发现，使用电动牙刷的孩子更喜欢刷牙。于是她问那些使用电动牙刷的孩子们，为什么喜欢刷牙？有人说：'电动牙刷让我的嘴巴发痒'，大家都笑了。第二天，有两个孩子告诉我，他们要求父母给他们买电动牙刷。"

"我大学时真的不喜欢数学，而且教学期间可能也过于强调教孩子们阅读，但这次分享让我着迷。我问那位母亲我是否可以效仿她的做法。当然，她答应了并帮助我整理了一些课程，现在我每年使用它们三四次，我还学会了问孩子们：'你确定你的数据准确吗？'孩子们真的很在意这一点！"

如何强调成为数据践行者对于个人的重要性都不为过，这样做会让你更加快乐、更加高效，是件大事！如果你止步于此，我也不会有任何怨言。

然而，有些人走得更远，他们不仅自我赋能，还带领团队、部门乃至整个公司解决重大的业务问题。他们可能是数据践行者中最核心的成员。我称他们为"破局者"，因为他们展示了无限可能，激发变革、铺平道路，并激励他人成为数据践行者。

- 鲍勃·帕特克：在美国电话电报公司（AT&T）工作时，希望改进团队的财务担保流程。尽管他对这些流程的了解并不够深入，但需要深入了解其工作原理。他的发现促使美国电话电报公司全面重组了财务担保流程，每年为公司节省了数亿美元。
- 杰夫·麦克米伦：在摩根士丹利，希望为银行客户提供更好的风险管理。尽管没有人公开承认存在问题，但杰夫更清楚情况。他认为自己需要更好的数据，并意识到必须重新思考团队的工作方式才能获取这些数据。
- 利兹·科舍尔：听说过六西格玛在制造业中的威力后，好奇它是否能帮助晨星（Morningstar）提供更好的数据产品。
- 斯蒂芬妮·费琴和金·鲁索：在远程技术服务公司（Tele-Tech Services），希望让他们的公司成为行业内的佼佼者。
- 壳牌（Shell）公司团队：来自不同部门的卡尔·弗莱施曼、布伦特·凯兹耶尔斯基、托马斯·昆兹、兰迪·佩蒂特和肯·塞尔夫，目睹了公司内部的巨大浪费，并希望削减业务成本。
- 罗布·古迪：在澳大利亚维多利亚州环境保护局（EPA），知道该机构需要更好的数据来建立与公民的信任。
- 唐·卡尔森：曾接受过机械工程师的培训，他希望将这一学科的某些方面应用到美国银行（Bank of America）的数据供应变更管理中。
- 玛丽亚·维拉：希望改变公司在数据质量管理方面的做法，以使之超越管理层的更迭而持续存在。
- 扎希尔·巴拉波里亚：希望将他在工厂车间学到的全面质量管理（Total Quality Management）应用到数据和物流方面。

这些人和许多其他人都认识到了业务上的困扰。虽然他们都不知道确切的解决方法，但他们有好奇心去更深入地挖掘并找到解决问题的方法。然后，他们将这些方法转化为实际行动，从而极大地提高了团队和公司绩效（使他们成为数据践行者），在为他人提供了可遵循的路径后，也赢得了破局者的称号！

人们很容易将鲍勃、莉兹和其他所有坚持不懈地反抗企业官僚主义的人，视为坚强、勇敢的个人主义者。然而，这种看法并不准确。

他们都是优秀的企业员工,他们只是观察到"当前做法效果不太好"并努力加以改进。他们需要更好的数据才能做到这一点,这些数据预示着机遇,他们抓住了机遇。大多数事情都从小处着手,每次都改进一点。所有的事情就快速成功。他们尽可能实现流程自动化,并邀请人才加入。每当取得实质性进展,他们都会及时让老板了解,并为下一步进展争取资金等相关支持。所有人都会遇到挑战,只是阻力各不相同。不用大惊小怪。

我还遇到过对如何改进团队工作没有太多想法的人。我希望这些破局者的经历能够激励其他人去追求各自的理想。毕竟,我们每个人的内心都具备破局者的潜质,是时候将其释放出来了。即使你还没有充分准备成为破局者,那也请先成为数据践行者!

对领导者、管理者和数据团队的影响

如果读者只采纳本书的一个观点,我希望是:数据工程需要普通员工的广泛参与,需要更多的普通员工成为数据践行者。公司也需要破局者,如果能有两个这样的人主动请缨,那么公司应该觉得很幸运。我还没有弄清楚公司如何"培养"更多这类特殊员工——有些似乎是水到渠成的。如果你有幸遇到了这样的员工,请尽可能地培养他们,给予他们充分的自由,并尽可能地减少官僚主义的阻挠。

数据践行者可以成为数据工程所需大量普通员工的表率,其中许多人可以担任嵌入式数据管理人员的角色,我们将在第 10 章中更详细地讨论这一角色。这意味着领导者必须了解这些员工,正如我所指出的,许多人在生活中表现得更加积极主动,我们的目标就是让他们将这种主动性带到工作中。

你应该问自己这是为什么?你的工作环境是否存在阻碍人们尝试新想法的因素?我发现许多管理者抱有一种先入为主的观念,认为"人员是问题的一部分""这些人就是没有能力处理数据或者抵制变革""否则,为什么在面对数据时,很少有人主动采取行动呢?"。当然,有一些员工确实如此。但当我向员工询问这个问题时,许多人回答说:

"从来没有人问过我们。"

这段话透露出先入为主的观念是如何阻碍我们的。管理者必须摒弃这些观念，秉持一种"把员工或者至少是数据践行者，视为解决问题的关键"的态度。这意味着要对员工有一点信心，给他们一些空间、一些责任。例如，你可能希望分配给员工工具包中 C～F 工具所描述的任务。

最好是按照我的要求，让大家那样做，成为数据践行者。遵循上述步骤：为自己寻找机遇，选择一件事去做，根据需要使用 C～G 工具完成一个项目，然后再完成另一个。毕竟，包括领导层在内的管理者，也都是普通员工！

最具前瞻性的领导者将认识到：数据就是生产力，是一个强大的媒介，人们可以通过它最大限度地减少工作中烦琐的部分，夺回一定的控制权，学习新技能，在工作中获得更多乐趣并推动职业发展。但即使是最不具备前瞻性的领导者，也必须将数据和人置于组织的中心，并确保他们获得所需的培训和支持。我们将在第 10 章中探讨嵌入式数据管理人员和核心数据团队如何支持这些目标。

美国国务院正全力以赴地让每个人都参与其中。它通过"激增行动"（surges）来实现这一目标，这是一系列数据活动，重点关注劳动力多样性、公平性和包容性等特定领域。这场"行动"涵盖了数据工具包中的所有内容，从分析到质量，再到基础数据管理，乃至直接面向劳动力的培训。这些行动吸引了高层管理人员的关注，从而使他们聚焦于最优先的项目。尽管这些活动时间很短暂，可能只有六个月，但他们的目标是在数据团队进入下一个活动时，保留下所需的技能。起初成果颇为积极，但要确认这些成果能否持续，尤其是在领导层更替之后，还需要一段时间的观察。

最重要的收获

- 数据领域真正的英雄是破局者——他们是团队和部门中首批以全新方式运用数据，解决重大业务问题的人。

- 每个人都应成为数据践行者,无论公司是否要求,都应致力于寻求更全面、准确和相关的现实场景,并将所学应用于实践。几乎每个人现在都能做出重要贡献。
- 同时,公司应该尽可能广泛和多样化地招募数据践行者。
- 从现在开始,许多管理者就要转变态度,激发普通员工的潜力。

图 4.1 展示了一个工作团队中的普通员工、数据践行者、嵌入式数据管理人员和数据破局者。希望随着时间的推移,所有的普通员工能成为数据践行者,其中一些将被选拔成为嵌入式数据管理人员,而少数则可能成为数据破局者。

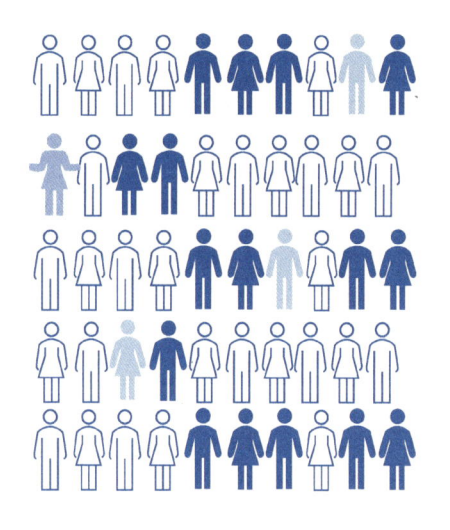

图 4.1 工作团队

第 5 章

道路千万条，质量第一条

当信任不复存在

比尔·克林顿领导下的美国国务卿乔治·舒尔茨曾就信任的重要性发表过著名言论：

信任是各个领域（家庭、学校、政府、军队等）的基石，只要信任存在，好事就会自然发生；反之，缺乏信任，好事难成。

尤其与我们的主题密切相关的是，没有什么比错误信息更能摧毁信任了！错误信息具有腐蚀性，会使立场固化，导致双方互相诋毁，并使双方关系进一步疏远，陷入一个看似永无止境的恶性循环。最大的希望寄托于，从一套相对完整且得到共识的"事实"出发，所有人都认同这些事实是相对正确的。

> **扩展阅读：对数据质量的"有罪推定"**
>
> 许多人往往过度信赖那些不可靠的数据来源和错误信息，尽管他们深知"垃圾进，垃圾出"的道理，却固执地认为这一原则不适用于自己。他们常常说："计算机里的数据肯定是对的"，"我们的数据比其他大多数都要好"，以及"我知道数据有些问题，但我们的模型没问题"。实际上，他们对数据质量持有一种"无罪推定（即默认数据质量是高的）"的态度。要改变他们的这种想法可能很难，这是一种危险的先入为主的观念，尤其是对于来源不明的数据。

> 我建议大家采取截然不同的观点,即数据质量的"有罪推定":假定数据是糟糕的。给它一个证明自身良好的机会,但要求必须有确凿的证据来支持!如果数据来源方无法提供这种证据,那就应该越来越怀疑它的准确性。
>
> 最后,请务必注意,这一建议不仅适用于企业,也同样适用于个人及和社会的方方面面。

尽管不同公司和情境中的具体细节和利害关系各不相同,但劣质数据与低信任度之间的联系在许多公司内部却惊人地相似。我前面指出,仅有 3%的数据符合基本的质量标准。《哈佛商业评论》的一项研究表明,只有大约六分之一(16%)的管理者信任他们每天使用的数据。难怪,如果只有 3%的数据符合基本的质量标准,那么这些数据就不值得信任!

显然,在数据方面,信任已经荡然无存!这是一个需要我们共同关注和解决的问题。

直接后果

让我们从"只有 3%的公司数据符合基本标准"这一估算出发,更全面地了解当前的数据状况。这正是图 5.1 所揭示的核心问题:劣质数据实际上几乎会给所有工作带来巨大阻碍,甚至引发更严重的后果。其影响主要包括以下几点:

- 专业人士不得不花费大量宝贵时间来解决数据质量问题。尽管存在个体差异,但据较为合理的估算,专业人士大约花费 50%的时间来纠正错误、解决数据不一致性问题,并对看起来不正确的数据进行确认。
- 纠正错误是一项艰巨的工作,而且有些错误难以避免地会被遗漏,从而进一步增加了成本。
- 劣质数据导致日常工作、运营和决策中频繁出现错误。
- 处理错误数据所增加的工作量给公司带来高昂的代价。尽管不同公司的情况存在差异,但一个合理的初步估算,这相当于公司收入的 20%。

第 5 章 道路千万条，质量第一条

劣质数据及其影响（图示要点）：

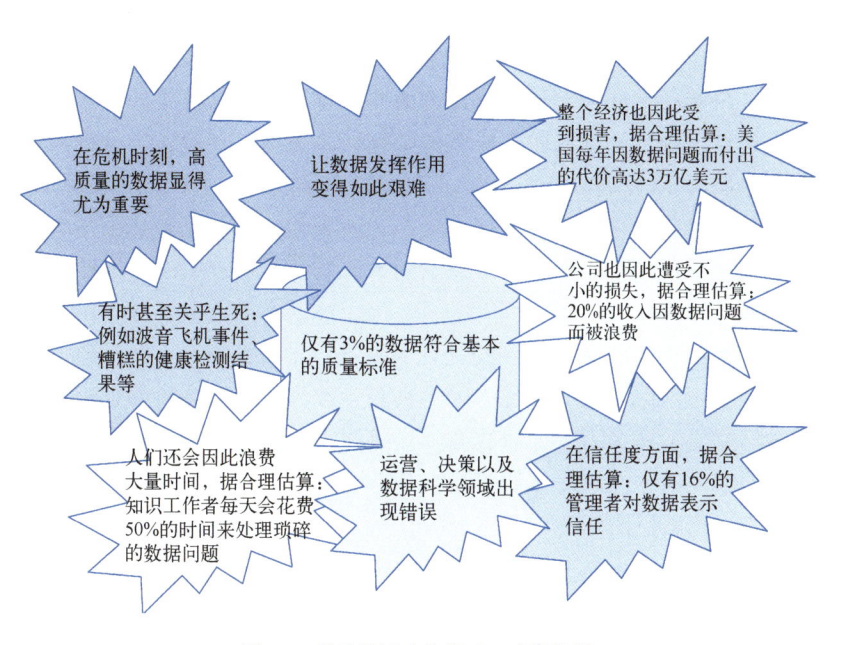

- 在危机时刻，高质量的数据显得尤为重要
- 让数据发挥作用变得如此艰难
- 整个经济也因此受到损害，据合理估算：美国每年因数据问题而付出的代价高达3万亿美元
- 有时甚至关乎生死：例如波音飞机事件、糟糕的健康检测结果等
- 仅有3%的数据符合基本的质量标准
- 公司也因此遭受不小的损失，据合理估算：20%的收入因数据问题而被浪费
- 人们还会因此浪费大量时间，据合理估算：知识工作者每天会花费50%的时间来处理琐碎的数据问题
- 运营、决策以及数据科学领域出现错误
- 在信任度方面，据合理估算：仅有16%的管理者对数据表示信任

图 5.1 劣质数据及其影响：头条新闻

- 整个经济都受到了劣质数据的影响。据 IBM 估计，仅在美国，劣质数据造成的总成本就高达每年 3.1 万亿美元。
- 更为严重的是，劣质数据有时甚至会导致人员死亡：两架波音 737 Max 飞机因迎角传感器提供错误数据而坠毁，导致 346 人死亡，波音公司至少因此损失 200 亿美元，而其供应链受到的波及损失更是高达数倍之多。

任何一位管理者无疑都会对这些统计数据感到震惊，即便是那些本身对数据毫不在意的人也不例外。即便我们不考虑高质量数据所能释放的潜在价值，这些数据也充分证明了全力提升数据质量的必要性。

长期后果

展望未来，劣质数据及其引发的不信任感，将极大地阻碍我们在数据科学、数据变现、数字化转型、数据驱动决策以及数据资产化等领域的进步与发展。以数据科学为例，包括机器学习和人工智能，劣

质数据是一个绝对的灾难（参阅扩展阅读："数据质量和高级数据科学"）。由于任何分析、洞察或模型的质量都有赖于其基于的数据，因此数据科学项目必须依赖高质量的数据作为支撑。然而由于数据问题普遍存在，"垃圾进，垃圾出"的现象屡禁不止，令人担忧。实际上，它正在被"更多垃圾进，更多垃圾出"所取代。尽管已是老生常谈，但当数据不可信时，即使是最复杂的人工智能算法产生的模型或预测也是不可信的。

正如我在第 2 章中提到的，许多数据科学家希望有人能为他们处理数据质量问题。尤其是优秀的数据科学家深知这一点，并且有些数据科学家会不遗余力地处理数据质量问题，哪怕占用高达 80% 的时间。即使他们完美地完成了本职工作，但应对由潜在的不信任所带来的挑战还是一项艰巨的任务。

扩展阅读：数据质量和高级数据科学

机器学习和人工智能领域的诸多应用对数据质量提出极为严苛的要求，远超其他任何领域。这背后有多重原因。

首先，利害关系更大。虽然劣质数据可能只是意味着你给某人寄错了毛衣或做出了次优决策，但当劣质数据与机器学习结合，则有可能导致大规模的失误！计算机并不关心输入的数据是好是坏。毕竟，"垃圾进，垃圾出"！

其次，模型训练的条件极为严苛，用于训练模型的数据必须具有预测能力、无偏见、携带大量元数据（即数据的定义），并保持高度准确性。

再次，存在"回溯"和"前瞻"问题。"回溯"问题涉及用于训练模型的数据，而"前瞻"问题则是模型启动后数据使用中的问题。虽然可能在训练过程中清理劣质数据，但这是一项耗时且不受欢迎的工作。模型一旦启动，就不可能再进行这样的清理。因此，当模型投入使用时，新创建的数据必须要满足这些要求。

最后，在传统数据科学中，分析会返回参数和系数，这些参数和系数具有现实意义。如果它们中的任何一个没有意义，你就可以质疑模型的准确性。但你可能无法从机器学习中获得这些返回的参数和系数。

我必须强烈指出，数据科学，尤其是人工智能和机器学习，必将风靡一时！但质量问题将危及所有付出！

进一步说，如果所销售的数据不可信，就很难谈成业务。谁会买这些数据呢？

劣质数据严重削弱了数字化转型的效力，而数字化转型的核心在于重构并自动化业务流程。然而，这些流程高度依赖数据，劣质数据的存在只会加剧自动化过程中的混乱。

最具变革性的数据应用涉及用数据驱动决策、塑造数据驱动的文化以及将数据视为资产。但同样，劣质数据会阻碍这些努力。倡导依据不信任的数据做决策是行不通的，如果你想把数据视为资产，最好将其作为资产并列入资产负债表，但劣质数据只能被视为负债。

亟待修正前进的方向

如今，无论是提升业务绩效，还是构建依赖数据的远景目标，都离不开高质量数据。即使缺乏有力证据来证明，或是人们多么希望事实并非如此，但人们内心完全清楚当前的数据并不可靠。他们不会也不应该全盘接受当前的数据。我们可以毫不犹豫地给出如下结论：是否能广泛接受数据空间内的一切，取决于被广泛接受的数据是否值得信赖。这是一项任重而道远的事业！

好消息是，公司可以通过改变策略来提升所需数据的质量，即从被动应对劣质数据，转向从源头处正确创建数据。这意味着要让普通员工扮演数据创建者和数据客户的角色，主动解决问题。由于人们参与到改进过程，数据质量会迅速提升，信任也会随之而来，尽管这个过程可能会慢一些。

让全员参与数据质量提升，似乎是一项艰巨的任务。但当公司要求员工遵守人力、财务或安全等相关政策时，从未犹豫过，尽管员工未必能够感受这些政策所带来的好处。甚至，还会有人抱怨：在所有数据工作中，数据质量是最无趣的。但如果做得好，大多数员工都会喜欢这份工作。他们肯定喜欢把更少的时间花在琐碎问题上，把更多的时间用在真正有价值的工作上。

本章接下来的内容将深入探讨数据质量的更深层次内涵，分析员工和公司为何会不恰当地处理它，以及主动解决数据质量问题究竟意味着什么。

数据质量的复杂性超乎你的想象

试想这样一个场景，一天下午当你下班回家时，接到了孩子学校校长的电话。你的孩子因为打架被停学三天，并在档案上留下污点。

你回到家后找到孩子，问："你今天过得怎么样？"

"嗯，还不错。"他边说边给你展示了一张试卷，"我西班牙语考试得了 B+。"

如果你之前已经对孩子有些恼火，那么现在更是怒火中烧！孩子说的确实是实话，提供了一个在大多数情况下都会让你感兴趣的事实。但今天不是，这个真相还远远不够。他的回答必须与当前的实际问题相关，尽管你没有明确地问："你今天被学校停学了吗？"

高质量的数据必须既准确（即无误），又能满足当前任务或问题的需求，这里涉及的内容很多。数据的正确性是最基本的要求。它本质上意味着数据必须足够准确，以完成操作、做出决策或恰当地为模型提供输入。因此，对于"谷歌 2020 年的收入是多少？"这样一个随意的问题，"约 700 亿美元"可能是一个完全合适的答案。但把它作为提交给美国证券交易委员会（SEC）文件中的内容肯定是不合适的。

"准确的数据"还取决于谁在使用数据本身以及他们使用数据的目的。在某些情况下，如日复一日的运营中，筛选出准确的数据通常很直接。如果你在网站上销售毛衣并邮寄，你需要知道谁订购了哪件毛衣（尺寸、款式、颜色等），他们希望送货到哪里，以及一些账单详情。然而，在越来越复杂的决策环境中，筛选出准确的数据变得越发困难。决定发货仓库的位置可能涉及数十个因素。在这里，"准确"需要一个完整且多样化的数据集合。

因此,高质量的数据意味着能够满足完成操作、做出决策等需求的数据,并且这些数据必须足够准确。我们称之为"准确且恰当的数据"。这是一个比大多数人预期都要更严格的标准。

在某些情况下,数据还需要满足其他要求。例如,条码扫描仪需要以不同于其他计算机和人类所需的格式来呈现数据,即以恰当的方式呈现"准确且恰当的数据"。在其他情况下,数据模型、数据定义或数据血缘可能很重要。最后,值得重申的是,高级数据科学的质量标准极高。

劣质数据产生的原因

试想这样一个场景。

斯蒂芬妮是高档毛衣公司的一位新晋高管(回想第1章中的安妮,斯蒂芬妮就是她的上司),她正在为首次董事会会议做最后的准备。她的助理走进办公室说:"老板,小部件部门的数据看起来真的有问题。"

"天哪!"她惊呼道,"我不能向董事会提交错误的数据,你必须改正它们。"

助理便去处理了,一小时后,他回来报告说,已经找出问题,更正了幻灯片中的错误数据,并通过电子邮件将最终的演示文稿发给了她。

第二天上午的董事会非常顺利,大家皆大欢喜。事实上,会议上讨论的关键点正是助理调整过的那些数据。

她非常高兴!她心情舒畅地走回办公室,当即就奖励了助理,并让他提前下班。在助理离开时,她说:"你知道吗?你应该每个月都检查一下小部件部门的数据。"

让斯蒂芬妮感到高兴其实很容易,她度过了美好的一天。

但先别急着下结论!这个故事在很多层面上还存在质疑。注意那些我没有提到的事情,如斯蒂芬妮没有核实助理所做的更改。我们知道,助理更改的数据可能本身就是正确的,或者因为他的调整让略有偏差的数据变得更糟。

斯蒂芬妮甚至没有礼貌地告知小部件部门通报所存在的问题。在没有任何反馈的情况下,小部件部门就没有机会找出错误的根本原因,甚至无法进行更正。更糟糕的是,她让公司里的其他员工仍将继续受到劣质数据的侵害。斯蒂芬妮的行为,或者更准确地说是她的某种程度的不作为,进一步为小部件部门日后的不被信任埋下了种子!

最后,在要求助理每月检查数据时,斯蒂芬妮在对这些数据一无所知的情况下,承担起了应由小部件部门对数据准确性负责的责任。也许她有充分的理由不信任小部件部门,更有可能的是,她没有创造性地意识到还有更好的处理方式。

斯蒂芬妮的故事每天都在各类公司的各类部门中上演。回想一下数据的传递链:销售团队从营销团队那里接收数据,然后将新数据传递给运营团队,依此类推。尽管数据存在很多错误,但销售人员毕竟更关注如何完成销售指标。在任何一天,修正数据并继续工作似乎更为简单。这种动机与向董事会展示良好数据的动机不同,但同样直接和真实。尽管销售人员和运营人员每天都尽职尽责,却从未想过要追溯问题的根源。

我将这种数据错误循环形象地称为"隐形数据工厂",其中一个显著特征便是实时纠正错误的机制,如图 5.2 所示。一些错误会渗透到下一个步骤,造成进一步的损害,并引发更多的不信任。

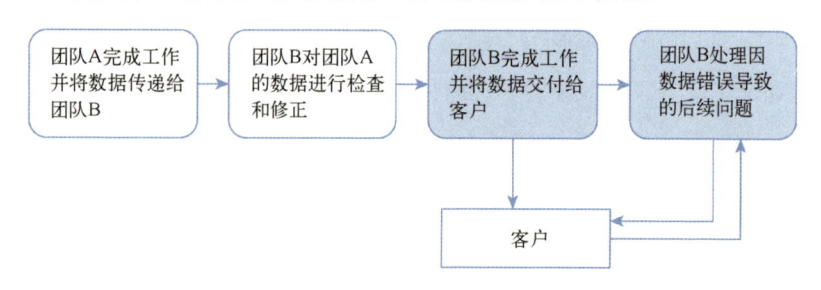

图 5.2 隐形数据工厂

"隐形数据工厂"的运营成本极高。"十倍规则"（这并不是一个严格的"规则"，而更像是一个"经验法则"）指出，如果数据质量高，完成一个工作单元的成本是 1 美元（或英镑、第纳尔、欧元等相应货币单位），那么当数据存在问题时，成本将增至 10 美元。"隐形数据工厂"以各种形式存在，很大程度上解释了为何人们 50%的时间被浪费，为何会造成 20%的收入损失，以及为何美国每年会因此产生 3.1 万亿美元的成本。

自动化热潮

大多数公司对于"隐形数据工厂"的存在早已习以为常，它已经融入其实际的业务活动中，以至于他们无法想象另一种方法。但他们能想到两个步骤：

第一，将"隐形数据工厂"自动化，并且有一大批公司热衷于提供相关的软件来帮助实现这一目标。确实如此，迟早大多数公司和部门都会寻求通过自动化来代替这些"隐形数据工厂"。

第二，将"隐形数据工厂"交给一个专业的数据清洗团队，这个团队可能位于核心数据团队或技术部门内部。

迟早，大多数公司都会采取这些步骤，竭尽所能之后会让员工感到满足！想象一下，当斯蒂芬妮的助理不再需要每个月检查小部件部门的数据时，他会感到多么轻松。

不幸的是，这些步骤并不奏效。

一个问题是，它们将数据质量责任进一步从小部件部门转移了。第二个问题是，尽管许多软件在发现错误方面相当不错，但纠正错误却困难得多，通常需要人工参与。最糟糕的是，"隐形数据工厂"永远不会消失！

随着你需要的数据量和种类的增长，"隐形数据工厂"的规模也会增长。想象一下，斯蒂芬妮安装了一个软件程序，可以完美地清理所有小部件部门的数据，但却没有解决数据源质量差的问题。因此，当她获取新的小部件数据时，她的助理将再次浪费时间处理错误。

尽管人们仍然像飞蛾扑火一般被它吸引,但作为确保数据高质量的手段,"隐形数据工厂"早已过时。

更好的方法

解决斯蒂芬妮与小部件部门之间或销售与市场部门之间的数据质量问题的方法异常简单:双方需要携手合作,共同找出并解决问题的根源,即确保首次就能正确创建出所需数据。

为了验证这一方法在实际中的应用效果,我们可以观察一家健康诊所的情况。在这家诊所,工作人员经常在患者就诊后难以与他们取得联系,以便安排更多的检查、更改药物等。尽管没有人知道这种情况发生的具体频率或浪费了多少时间,但它无疑可能对患者的健康造成影响,同时也让工作人员感到沮丧。

于是,诊所员工开展了一项简单的测量活动(技术上称为FAM,第2章中有详细描述)。他们总结发现,有46%的时间都浪费在了因联系电话错误而导致的沟通问题上。在审查了相关流程后,他们发现没有员工专门负责核对这些数据。于是,他们做出了一个简单的改变:当患者登记时,前台人员会请他们核实自己的电话号码。这是患者就诊时首先被要求做的事情:"琼斯女士,很高兴再次见到您。我能确认一下您的手机号码吗?"几周后,诊所再次进行了统计,发现手机号码错误的问题几乎被完全消除了。

健康诊所使用的流程具有广泛的适用性,灵活性显著,易于教授和使用简单,即整理出所需的数据,测量其质量,确定质量必须被提升的方面,并从源头上解决。

> **扩展阅读**:确实存在一些非常复杂的数据质量问题
>
> 虽然我没有确切地统计数据,但发现大多数(可能高达80%)数据质量问题都可以通过遵循健康诊所使用的方法来解决。这可能需要跨越部门和公司的界限,有时也涉及政治因素。但大多数问题都可以得到解决,因为数据创建者和使用者都将高质量数据作为共同目标。

通常涉及"准确数据"的质量问题，以及需要团队使用共同语言的问题，可能会更加困难。最后，少数问题可能至少在一开始是无法解决的。

因此，聪明的员工和公司会先从更简单的问题入手！

深入探究，你会发现健康诊所的解决方法体现了数据质量中最重要的两个角色：数据客户和数据创建者。使用者是使用数据的人，创建者是创建所需数据的人。请注意，机器、设备和算法也会使用和创建数据。因此，使用者和创建者也可能是负责这些机器、设备和算法的人。

普通员工必须担任这些角色，包括像斯蒂芬妮这样的经理和高层领导。他们必须将自己视为数据客户，明确自己的需求，并将这些需求传达给数据创建者。未能做到这一点，正是斯蒂芬妮犯下的最大错误。

普通员工也必须将自己视为数据创建者，并对自己的流程进行改进，以便根据数据客户的需求提供数据。在健康诊所，负责就诊后相关流程的工作人员没有将自己视为数据客户，前台人员也没有将自己视为数据创建者。一旦他们这样做了，完成改进项目就变会得非常简单。

数据质量的业务价值

团队和公司一旦采纳此方法、扮演相应角色并遵循这些步骤，数据质量将迅速得到提升。无论公司规模大小，无论其所属行业是金融服务、石油和天然气、零售还是电信等，人们都已利用这一方法实现了计费、客户、员工、生产等各类数据质量的显著提升，并直接提升了团队绩效。实际上，我不知道还有哪些其他什么方法能达到这样的效果。

据我估算，你可以永久性地削减"隐形数据工厂"四分之三的成本，这相当于15%的营业收入！随着数据质量的提升，信任度也会提升。可能需要进行一次性的存量数据清理工作，但相比于每天的清理工作，一次性的清理是一个巨大的进步。

这些节省下来的资源非常重要，因为数据工程的其他方面（如大数据、人）需要投入。一个运行良好的数据质量工程本身，就能节省资金来投资其他方面。

许多人认为这项工作具有变革性

虽然我可能重复了之前的观点，但几乎每个人都更倾向于消除问题的根源，而不是每天处理错误问题。而且，许多人发现这种努力具有变革意义。我在本书前言部分引用了一位女士的话——"这是我第一次有了掌控感"，还引用了一位经理的话——"我们不会再回到过去了"。海湾银行的萨比卡·阿尔拉希德指出，参与的人越多，热情就越高涨。"随着越来越多的人参与到这项工作中，你可以看到整个银行都在发生变化。"

此外，质量对普通员工来说意味着机会。许多像斯蒂芬妮和其他普通员工就是这样做的，他们亲眼见证了这种方法、这些角色以及改变现状的机会所带来的力量。无须依赖公司级的工程，几乎任何人都可以成为更好的数据客户和数据创造者。正如第 4 章所述，数据质量是提升自我（并在此过程中成为数据践行者）的绝佳方式。如果你不确定如何着手，请参阅工具包中的工具 B（客户需求分析）和工具 C（周五下午测量）。

需要领导层、核心数据团队和嵌入式数据管理人员的参与

尽管几乎每个普通员工都可以承担数据质量的工作，但很少有人会主动去做。因此，领导层、核心数据团队和嵌入式数据管理人员需要扮演第 3 章中为他们设定的角色。尤其是领导层，必须要求全面改进，包括让各部门乃至个人都承担起责任。核心数据团队必须为这项工作提供支持，协调工作、明确使用的方法，建立用于追踪进度的指

标，设定改进目标，提供大量的培训和指导，并制订一个积极的变革管理计划。嵌入式数据管理人员位于核心团队和普通员工之间，负责在其团队内领导这项工作。

启示

公司正确处理数据质量至关重要。没有高质量的数据，在数据领域你将寸步难行，而高质量的数据则能让你真正实现节省成本，建立信任，并在此过程中赋能于人。我希望读者能从多个视角（见表 5.1）看到，我们正在努力实现，如何从今天的查找和修正错误，转变为从一开始就正确地创建数据。

表 5.1　数据质量的两大主要方法与其最重要的特征

视角	从：查找和修正错误	到：首次正确地创建数据
责任归属	数据使用者（隐性的）对所使用数据的质量负责	在具体层面，需要明确数据客户和创建者共同对数据质量负责 在更高层面，团队和部门，而非某个核心团队，需要对其接触的数据的质量负责
方法	在日常工作中，通常是以纠正错误为导向	首次正确创建数据 措施：主动预防错误
最主要的"优点"	当前的思维方式	质量提高，成本降低
最主要的"缺点"	成本高昂/效果不佳	需要转变思维并进行一定的投资
支撑工具	经验、业务规则、自动化工具	需求、反馈、测量、根本原因分析
工作满意度	因为查找错误是一项耗时且令人沮丧的工作，这会分散对核心工作的注意力	大多数人喜欢这份工作，并认为它具有变革性

表 5.1 中提出的转变在智力上并不具有挑战性，但它们确实代表了一种观念范式的转变，而这总是很困难的。这意味着要让各部门乃至个人都承担起责任，需要提供大量的培训和指导，设置一些恰到好处的

指标，要获取领导层的支持，还要制订一个积极的变革管理计划。如今，从组织角度出发，有核心数据质量团队来领导这项工作是合乎逻辑的。正如第 3 章所讨论的，他们中的许多人也必须转变自己的范式。

最重要的收获

- 劣质数据是一个残酷的杀手，有时其破坏力确实名副其实，它会带来巨额成本并侵蚀信任。对于高级数据科学而言，劣质数据尤其具有破坏性。
- （几乎）所有公司的首要任务都应是大幅提高数据质量。
- 对于普通员工而言，提高数据质量不仅是重要贡献，还是在数据空间中留下自身印记的最佳途径。
- 无论这一任务是否吸引人，公司都必须改变处理数据质量的方式，主动出击，从根本上解决问题。
- 这意味着要让每个人都作为数据客户和数据创建者参与进来。
- 随着时间的推移，公司应提高在数据质量方面对普通员工的要求。
- 有远见的公司会更进一步，将质量视为提升生产力的关键，提供必要的培训，并释放人们的潜力。

第 6 章

让数据发挥作用

仅凭数据质量的提升，便能带来多重益处：流程运行将更加顺畅，决策者能够做出更加明智的决策，团队成员间的协作也会因此变得更加高效，同时，个人与团队都会感受到能力的提升。这些都是数据改善所带来的重要价值。此外，还有诸多方法能让高质量的数据发挥效用，以优化流程、产品和服务；创造新的价值并吸引新客户；在某些情境下，甚至能建立起竞争对手难以超越的竞争优势（详见扩展阅读："'让数据发挥作用'与'数据变现'"）。

数据的潜力是巨大的。我已经指出，优步（Uber）仅凭获取和结合"我在找车"和"我在找乘客"这两组数据，就颠覆了打车市场（见第 2 章）。优步的案例解释了为什么这么多人对于让数据发挥作用如此兴奋，也再次证明了高质量数据的重要性，以及为什么数据科学家的需求如此之大。

扩展阅读："让数据发挥作用"与"数据变现"

"数据变现"这一说法已在一定程度上获得了认可。当目标在于"出售"数据时，无论是作为独立产品还是作为其他产品/服务的一部分进行出售，这一说法确实贴切。然而，目标并不总是严格局限于货币化。例如，在医疗机构中"改善患者治疗效果"，在工厂环境中"提高安全性"，以及"促进平等"，这些都可能源于对数据的更好利用，即便它们并未直接带来经济效益的提升。因此，我更倾向于使用"让数据发挥作用"这一表述。

同时，如果普通人没有注册成为司机和乘客，即服务的用户，优步也无法取得成功！

本章的核心主题之一是，公司必须在数据科学工作中更好地接纳并充分发挥普通员工的力量。我将通过深入剖析数据科学过程，详细阐述普通员工在每一步骤中的不可或缺性，以此来证明这一点。第二个主题则是为公司和普通员工提供了宝贵的机会。具体而言，双方都应加大努力，促使数据发挥更大的作用。此外，我还将探讨几个具体的错失机会的案例，这些案例都预示着普通员工和公司都存在着尚未被充分挖掘的潜力。

普通员工与数据科学过程

首先，我们来探讨数据科学这一领域，它广泛涵盖了大数据、高级分析、机器学习和人工智能等多个方面。为了深入理解为何数据科学项目需要普通员工的积极参与，我们将详细解析图 6.1 所示的数据科学过程。在审视这一过程的每一个步骤时，我们都会清晰地看到普通员工在其中所扮演的关键角色。

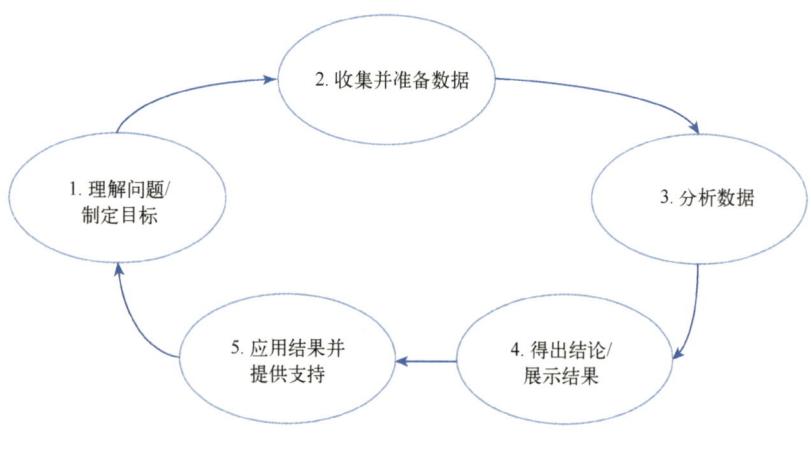

图 6.1　数据科学过程

1. 理解问题/制定目标：首先，数据科学家需要深入了解业务背景和存在的具体问题，这通常依赖于普通员工提供关于业务方向、工作流程、所遇问题以及需要改进之处的见解。否则，期望数据科学家能够全面理解整体业务并攻克具体问题是不切实际的。遗憾的是，许多公司并未能做到这一点，反而让数据科学家陷入了失败的境地。形象地说，就是把他们关进一个房间，让他们接触海量数据，然后说："你自己搞定吧！"

注：公平而言，数据科学家也时常成为这一问题的源头。他们可能过于天真，未能意识到理解问题的重要性；可能经验尚浅，不懂得如何有效参与；可能过于温顺，不敢承认自己并非全然理解；又或者对自己的能力过度自信，认为能够找到令所有人都震惊的"答案"。因此，他们也必须勇于面对挑战，积极寻求解决方案。

2. 收集并准备数据：在某些情况下，数据科学家会设计和运行实验来收集所需的数据。但更常见的情况是，他们会寻求利用公司已经拥有的数据资源。为了有效利用这些数据，数据科学家必须对其进行深入了解，包括数据的覆盖范围（以及缺失的部分）、数据的定义和收集方式、所使用的单位或计算方法，以及数据的优点和缺点等。这一切的实现，都离不开普通员工的积极参与和配合。

3. 分析数据：你或许会认为这是一些数据科学家能够独自完成的工作。但请别急于下结论。首先，如前所述，数据质量往往不尽如人意，需要普通员工的协助，才能将数据整理成合理的形态。此外，数据分析/科学是一个需要不断迭代的过程，它需要在数据和其来源的现实世界之间进行反复的交互。数据科学家在数据中发现一些有趣的现象后，会进一步探究这些现象是否符合他们对现实的理解，提出新的问题，以新的方式审视数据，发展出关于数据意义的理论，并进行测试等。显然，数据科学家有能力以多种方式审视数据，但要将数据的洞察力与现实的运作方式相结合，则离不开普通员工的参与。

4. 得出结论/展示结果：分析完成后，数据科学家会向决策者（他们也是我们一直所提及的普通员工）展示他们的分析结果及其潜在影响。这些结果可能以多种形式呈现：从最重要结果的简洁总结，到具体的行动建议方案,再到业务流程中采用的新模型。数据科学家必须深入了解他们的受众,并以恰当且有力的方式展示结果。在这两个方面,普通员工都可以提供宝贵的帮助。此时,决策者将决定是否以及如何将这些分析结果进一步推进。如果缺乏支持,这个过程可能就会止步于此,无法为业务带来任何实际价值。

5. 应用结果并提供支持:将分析结果应用于实际业务,很大程度上取决于普通员工的配合与努力。例如,尽管分析结果可能像任何其他计算机系统或应用程序一样被集成到产品中,但其成功与否仍然取决于使用这些应用程序的普通员工。如果这些应用程序得不到有效使用,那么它们对业务而言就毫无价值!更为重要的是,普通员工还必须负责处理未来可能出现的数据质量问题。(需要明确的是,在这一步骤中,数据科学家也需要承担比大多数人更多的责任——他们需要培训员工,保持模型的更新,并总结业务收益。)

每一步都取决于普通员工的配合与努力!这一点非常重要,值得在表 6.1 中重复强调。

表 6.1 普通员工在数据科学项目中的角色

步骤	普通员工的角色	未履行职责的后果
1. 理解问题/制定目标	明确整体业务方向和要解决的问题	数据科学成为一次冒险之旅
2. 收集并准备数据	解释数据的定义和创建方式,以及任何细微差别、优点和缺点	数据科学家对数据理解不足的风险
3. 分析数据	参与阶段成果、初步分析结果等的讨论	结果相关性和/或可行性较低的风险
4. 得出结论/展示结果	就成果如何落地实施给出建议	项目停止,对业务没有价值
5. 应用结果并提供支持	帮助将成果措施嵌入工作流程并执行	项目停止,对业务没有价值

理想状态下,数据科学家与普通员工应携手并肩,从始至终紧密合作。事实上,许多数据科学项目正是践行了这一理念。例如,摩根

大通的时任财政部首席数据官安吉丽克·奥格瑞强调，从一开始就要致力于设计易于使用的解决方案。在迪士尼，数据工作的开展始终基于公司对顾客体验的长期重视，以此推动全公司的决策制定。麦肯锡的研究也证实了建立人们对 AI 的信任至关重要。最后，托马斯·达文波特呼吁转向"协作分析"的模式。

一些公司甚至走得更远。家得宝（Home Depot）的胡扎伊法·赛义德解释道：

"我们正在采用小组模式，以营销团队为例，他们不再仅仅专注于受众策略，还涵盖了数据科学、测量、付费媒体、创意、广告运营/报告、自有媒体、媒体引流以及现场体验。你知道吗？这些团队中的所有工作和每一个决策都是基于数据的。比如，我们会分析某一个创意是否比其他创意效果更好，或者我们的受众是否合适，还会对比客户在现场与非现场的体验效果。数据科学正在推动小组模式中的数据应用，看到数据如何创造奇迹真是令人惊叹。"

就像数据领域的所有事物一样，数据科学也是一项团队活动。这在某种程度上意味着，团队成员需要相互承担责任。因此，普通员工也必须要求他们的数据科学家应始终如一地履行其职责和承诺。

现在，让我们来探讨几个到目前为止，无论是普通员工还是公司都未能抓住的机会领域。

小数据的大乐趣

除非数据量极大或所需分析工具特别复杂，否则数据科学的任何环节都不是必须依赖数据科学家。事实恰恰相反，如果所需数据量相对较小，且能通过基本方法进行分析，那么由普通员工组成的小团队（只需少许协助）也能轻松驾驭这一过程。然而，在急于追求数据科学、大数据、机器学习和人工智能的过程中，太多公司忽视了"小数据"的价值。这是一个巨大的失误。实际上，小数据为普通员工和公司都带来了难得的机遇。

案例分析：工人如何利用小数据

一家造纸厂的机器操作员曾感到沮丧，因为他们无法让设备正常运转。他们向维修部门求助，但要么石沉大海，要么得到的是更糟糕的回应，诸如"设备没问题，只是你不会操作"之类的回答，让工作气氛变得紧张。

转机来自一个出人意料的源头：全厂范围内为改进而收集和利用数据的努力。操作员收集并展示了设备过去和现在的性能数据，使维修部门不得不承认性能确实明显下降的事实。设备得到了所需的维护，质量和生产力也随之迅速提升。

小数据项目仅涉及由少数员工组成的团队，他们利用小规模数据集（仅包含数百个数据记录，而非大数据项目中使用的数百万或更多数据记录）来解决工作场所的实际问题。这些项目目标明确，采用基础分析方法，易于所有人掌握。企业中蕴藏着大量潜在的小数据项目，如图 6.2 所示。我在前言中提到的罗杰·霍尔和我曾估算，一个 40 人的部门每年应能完成 20 个此类项目，每个项目每年可带来 1 万美元至 25 万美元的经济效益（罗杰提供了这里引用的案例），但累积的效益是巨大的。

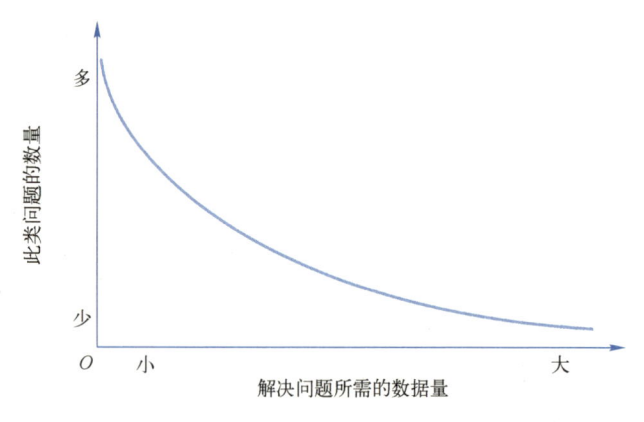

图 6.2 数据需求量与机会数量的关系

案例分析：小数据——CEO 的得力助手

某位首席执行官（CEO）在得知公司在外部会计资源上的巨额支出后大为不满。为了应对这一问题，他组建了一个团队来审查这些费用，并研究如何在不牺牲财务监督质量的前提下削减开支。然而，现有的数据仅关注发票总额，缺乏对所提供服务细节的深入分析。为了解决这个问题，团队找到了一种方法来填补这一数据空白。他们利用新收集到的数据，迅速发现了几个重要问题：

- 公司定期使用高级且成本昂贵的会计资源，包括合伙人。
- 同时，对于同一级别的资源（如高级会计师），不同会计组织的收费标准存在巨大差异。

在掌握了这些数据之后，团队制定了一项关于外部会计资源的政策。该政策统一了收费标准，并明确规定，在使用任何合作伙伴时，必须事先获得 CEO 的批准。这一政策的实施，不仅带来了外部会计服务更高效、更一致的使用体验，还实现了可观的成本节省。最重要的是，CEO 对此表示非常满意。

效益

根据斯廷格和洛克的研究，在领军企业的产能增长中，有 75% 来自基层员工。与大数据项目不同，大数据项目通常涉及数十人、不同的议程、政治斗争、巨额预算以及高失败率，而小数据项目的成功概率则很高。

其效益显而易见。与数据质量相似，小数据项目能够锻炼组织的数据处理能力，帮助整个公司了解成功运用数据所需的关键因素，掌握必要的技能，建立信心，并培养出适应大数据需求的文化氛围。鉴于许多人担忧自己会被自动化取代，或者工作会以无法掌控的方式发生变化，参与这些项目使他们能够主动采取措施提升自己的技能，并应对内心的恐惧。

此外，这些项目还充满乐趣！我发现，大多数人都很享受理解数据、解读数据含义的过程，以及像侦探一样工作，弄清楚事情的真相。他们喜欢团队合作，并乐于看到自己努力的结果能够提升工作效率和公司绩效。

一旦人们知道在哪里查找，他们就能轻松地找到小数据的机会。三个"目标导向"的领域包括：

1. 减少时间浪费：人们在等待会议、同事反馈、货物到达等过程中经常会浪费大量时间。我们的目标是削减这些无谓的等待时间。

2. 简化交接流程：工作流转于团队内外时，无效的交接可能导致复杂性、成本或时间增加。我们的目标是优化这些交接流程，使之更加高效。

3. 提升数据质量（来自第 5 章）：大多数改进项目仅需要小数据。

在结束本次讨论之前，我想强调一个重要事项。我在工具包 D 中提供了更多细节，包括一个实际案例，用于说明如何完成一个小数据项目。还有许多其他优秀的方法：六西格玛、精益和流程管理爱好者已经开发了专门针对他们所解决问题的版本。例如，六西格玛 DMAIC 方法结合了一些步骤，并增加了控制阶段（C-Control），以确保一旦流程得到改进，就能进入统计控制状态。在这方面，小数据更具普遍性。如果你熟悉任何利用数据来提升团队绩效的好方法，请尽管使用它。

做出更好的决策

核心思想是，每个人都应该学会不断进步，比昨天使用更多、更好的数据，并以此为基础，为明天准备更多、更好的数据来辅助决策，如此循环往复，直至未来。这正是成为数据驱动型组织的本质所在。然而，迄今为止，"数据驱动型决策"这一概念最为显著的特点却是炒作。我尚未了解到有哪家公司已将其确立为主要战略，或是其数据工程的核心特征，这在某种程度上显得颇为矛盾，因为所有公司都声称致力于做出更好的决策。迟早，学会利用数据做出更好的决策将成为普通员工的必然选择（详见第 3 章）。

好消息是，普通员工无须坐等公司来判断更好的决策是否重要。你可以利用工具包 E 中概述的步骤，系统地评估并改进自己的决策能力。

将产品与服务数据化

这一理念的核心在于,将更多的数据融入现有的产品或服务之中,从而提升其整体价值。它建立在"准确数据"的基础之上,旨在更好地满足客户的多样化需求。以啤酒罐为例,当啤酒达到最佳饮用温度时,罐体会发生颜色变化,这种设计既富有趣味性又兼具实用性。实际上,类似的创新应用案例不胜枚举。老司机们常常开玩笑说,他们的汽车仪表盘现在看起来就像战斗机飞行员的驾驶舱一样,能够实时显示剩余油量可行驶距离、导航方向、胎压等多种信息。在日常生活中,大多数人可能并不会花太多时间去深入解读各种复杂的图表。然而,即使是像时间序列图这样的基础图表,也可以通过数据化的手段变得更加有用。例如,在图 6.3 中,"持续上升"的直观指示就帮助读者轻松得出了正确的结论,使得图表的解读过程变得更加简单易懂。

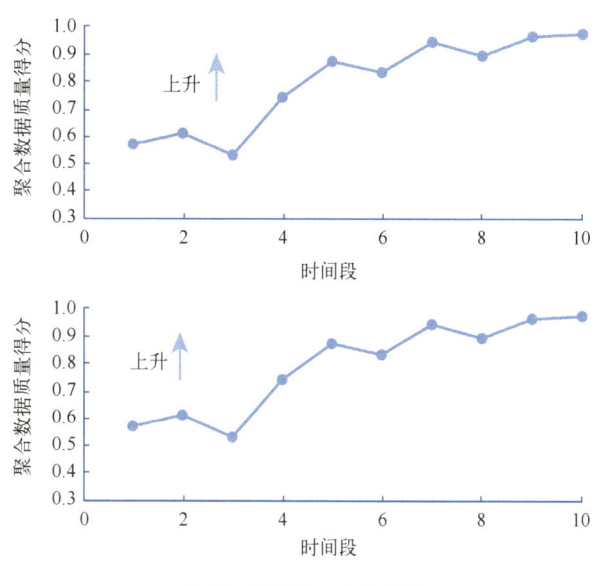

图 6.3 使图表更易于解读

产品数据化可以创造新的业务机会。例如，Sleep Number 公司在其床垫中内置了传感器，用于监测用户的心率和呼吸模式。这不仅帮助公司识别出用户的慢性睡眠问题，还使其能够将业务范围扩展到健康领域。同样，卡特彼勒（Caterpillar）公司在其重型机械中采用传感器收集数据，以便预测故障，并借此涉足维护业务。

无论你身处哪个行业，几乎都可以通过产品数据化来提升你的产品和服务价值。而且，正如之前的例子所示，数据化还可能帮助你增加收入。因此，每个人、每个团队以及每个公司都应郑重考虑将数据化作为一项重要的业务策略。

利用或消除信息不对称

为了深入阐述主要观点，我们可以从定价问题入手，这是自古以来买家和卖家都极为关注的核心话题。在任何交易中，信息掌握较多的一方往往占据优势地位。因此，一个每年都能接触到数千辆二手车的经销商，自然会对市场行情有更深入的了解，也更具备确定车辆"公允价值"的能力。相比之下，买家通常不具备这样的信息优势，这就为卖家提供了提高售价、获取更多利润的空间。在线销售模式的兴起进一步加剧了这种信息不对称性，尤其是当卖家能够通过潜在买家的在线搜索行为推断出他们的支付意愿时，这种情况尤为明显。

与上述策略相反，另一种策略则是努力消除这种信息不对称性，《消费者报告》就是一个经典的例子。如今，"事实核查者"在维护政治家和其他公众人物的诚信方面，发挥着极其重要的作用。

然而，遗憾的是，在许多情况下，价格核查并不容易实现。大多数买家都不希望自己成为容易受骗的对象，因此他们会对卖家的说法持怀疑态度。这种怀疑态度实际上降低了他们愿意支付的价格，也降低了待售商品的价值。因此，消除信息不对称是符合每个人利益的。在这方面，区块链技术可以发挥重要作用。以数字艺术领域为例，非同质化代币（NFT）可以消除与艺术品来源相关的大部分信息不对称。在商业房地产领域，通过将每次的税务重估、维修记录、检查报告等事件实时记录在区块链上，也可以大大消除信息不对称现象。正如 Inveniam 的首席执行官帕特里克·奥米拉所说："市面上有很多商业地产，如果区块链技术能提高物业价值哪怕几个百分点，对投资者来说都将是一大福音。"

利用专有数据

或许最佳的业务策略便是拥有并善用他人所没有的独特资源。几乎所有公司都掌握着一些其他公司所没有的数据。例如，只有你自己才拥有你公司与客户之间的完整交易记录。这些数据无论是大量的还是小量的、结构化的还是非结构化的、原始的还是经过处理的，它们的共同特点都是难以被其他公司轻易复制。典型的例子包括标准普尔的 CUSIP（一种用于唯一识别证券的代码）、脸书的社交数据，以及通用汽车 Cruise Automation 的地图和传感器数据。

暂且不论这些数据的潜在价值，我发现很少有组织给予其专有数据足够的重视，或拥有完整的计划来指导如何获取、开发和利用这些数据。那些确实这样做的组织又往往过于关注其内部数据，这些数据可能确实是专有的，但如果不与外部数据相结合，就无法充分实现其潜在价值。

正如托马斯·达文波特和我所认为的那样，随着新型数据类型的不断涌现和人工智能的快速发展，对专有数据策略的需求也在日益增加。各行各业正涌现出许多新型数据，如传感器数据、移动数据、新型支付数据等。大多数商业人工智能应用都涉及机器学习，如果你的公司与其他公司拥有相同的数据，那么你们的模型、预测也将大同小异，从而无法获得竞争优势。因此，各组织需要立即开始思考并为其专有数据制定策略。

一些公司和行业已经在为制定有效的专有数据策略指明方向。例如，"谷歌公司（Alphabet）"旗下的 Waymo 和 "通用公司（GM）"的自动巡航（Cruise Automation）正在从数十亿英里的模拟驾驶和实际道路驾驶中积极收集地图和传感器数据。那些专注于人工智能辅助放射学或病理学医疗成像的公司也正在积极获取或寻求图像数据的合作。媒体行业的公司在积极保护其电影、电视剧、新闻、书籍、杂志等内容的价值，并越来越多地以各种格式和渠道分发这些内容资产。值得一提的是，其中许多内容在创作项目之初便已设想好了多种分发方式和渠道。

战略型数据科学

一类尤为重要的小数据科学项目便是战略数据科学。以一家中型传媒公司为例，我们可以考虑以下两种选择。选择一：利用用户与应用程序互动产生的数据，寻找能深化用户体验的洞察。选择二：利用数据为竞标某些许可权提供决策支持，这是每隔几年便会出现的重要机遇。有大量数据支持选择一，其重要性不言而喻。然而，尽管支持选择二的数据相对较少，但它却具有深远的战略意义。出价过高而错失机会可能会立即对公司造成长期损害，而出价过低则会削减利润。

除了数据量较少这一挑战外，资深数据科学家还能为公司带来巨大的价值：他们能帮助公司清晰地阐述问题；对可用的小数据进行深入分析，得出更具洞察力的结论，并量化不确定性；积极寻找新的数据源，包括提出实验方案以获取这些数据；制作精美的图表，以直观的方式展示数据；指出并努力降低隐藏的偏见和群体思维的影响；协调各方不同的观点，达成共识。高层领导在面对这些挑战时，也应该积极寻求公司中最有经验的数据科学家的帮助。反之，数据科学家也应该更多地参与到这类具有战略意义的工作中，为公司的长远发展贡献自己的力量。

将客户隐私视为一种特性

迄今为止，大多数公司在消费者隐私方面采取了较为防御性的策略。他们的首席保护官通常是律师，要求潜在消费者同意冗长且晦涩的隐私声明，即使只是浏览网站也需要如此。这在一定程度上是有道理的，因为潜在的 GDPR 罚款确实令人担忧。

然而，为潜在客户设置障碍似乎永远不是一个好主意。虽然许多人似乎对隐私不太关心，但一小部分理想的消费者（更年轻、更富有、更精通技术）确实非常在乎。对于他们来说，隐私与客户体验同样重要。

因此，我思考了一个问题：如果一家公司采取不同的方法，将隐私视为其品牌固有的特性，提供简单、清晰的政策解释，并利用隐私来将自己与竞争对手区分开来，会发生什么？遗憾的是，我尚未听说有哪家公司这样做过。这无疑是营销专业人士将自己公司与其他公司区分开来的绝佳机会！

值得注意的是，公司通常会寻求消费者对其产品和服务的反馈，但却不问他们对隐私的看法。因此，一个好方法就是直接与客户交谈，了解他们对你的新想法的期望和开放程度，以及他们认为你使用其数据的合理补偿。

第二个好主意，是以建立信任的方式简化和缩短你的隐私政策，而不是强加给人的冗长套话。明确客户和用户因其数据而可能获得的补偿，无论是金钱、折扣还是服务，并让他们更容易选择加入或退出。

另外，虽然我们应该预计在接下来的几年里，隐私领域将迅速且混乱地发生变化，但现在可能是考虑长期规划的好时机。多年前，当我在贝尔实验室工作时，一位不知名的预言家曾发表意见："隐私对于信息时代来说，就像产品安全对于工业时代一样。"他观察到，随着时间的推移，社会开始期望公司生产安全的产品，法律和市场压力都开始发挥作用。在某些情况下，这些保护措施可能走得太远了，但无论对错，这都是社会的选择。

因此，问问自己这些问题：你认为这个预测有道理吗？你有不同的预测吗？最后，你希望你的公司及其品牌在长期内如何在隐私方面定位？当你思考这些问题时，我相信你将看到许多机会，以与众不同的方式接受并彰显数据隐私的重要性。

将数据列入资产负债表

数据的一个独特且重要的特性在于其抽象性,因此它在很大程度上是无形的,而管理那些看不见的事物则更为棘手。所以,从某种程度上说,大多数人都会认同"数据"(至少其中一部分)是一种资产,同样,大多数人也会认同劣质数据是一种负债。这些观点促使一些人提出了"将数据视为资产进行管理"的口号。然而,由于缺乏具体的衡量标准,我们很难知道该如何行动。

解决这个问题的一个有效途径是将数据纳入资产负债表。财务专业人士需要筛选出哪些数据可以使用,并确定如何使用,这将为公司带来巨大的潜在益处,尽管这些益处目前还未完全显现。例如,数据可以作为贷款的抵押品,提高数据的可销售性,或者仅仅激发管理层对数据给予更多的关注和重视。Laney 在他的著作《信息经济学》(*Infonomics*)中,为财务专业人士提供了六种把握这一机遇的方法。

探索让数据发挥作用的多元途径

事实证明,公司有许多其他方式可以利用数据,为普通员工和公司提供丰富的选择。在此,我仅提及四种方式,并敦促人们和公司对这些方式进行考虑,以拓展他们对各种可能性的思考,激发他们的创造力。

提供新的数据/内容

上一代提供新内容的典型案例无疑是报纸。现在,原创内容的来源更加丰富多彩,不仅限于新闻领域。例如,Noom 就提供了定制化的饮食和锻炼方案,这些方案远远超出了标准方案的范畴。

重新包装现有数据

与新内容的开发者相比,重新包装者并不专注于创造新内容,而是注重以不同的方式对其进行包装。脸书就是一个很好的例子。

从产品和服务中分离数据

与数据化相反的操作是分离。对于旅行社来说,原本他们的费用都包含在机票、住宿和旅游预订的价格中,但现在许多客户可以自己直接进行预订,因此,分离数据变得至关重要。旅行社正在转变为"顾问"的角色,单独收取其提供的建议和专业知识费用。

信息中介

信息中介本身并不创造新数据,但其为那些寻求信息的人提供了便利,使他们能够更容易地找到所需的信息。谷歌就是一个典型的例子。

最重要的收获

- 尽管大数据和人工智能占据了大部分的关注焦点,但真正的黄金机遇却潜藏在小数据(包括战略型数据科学)之中。对于大多数公司而言,一旦它们在数据质量上取得进展,小数据就应成为其第二个重点关注的领域。
- 所有公司都应积极寻找机会,以充分利用其专有数据。
- 企业应深度挖掘数据应用的多元化途径,并适时进行规划,采纳与自身整体业务战略最为契合的数据利用方案。这一切都离不开普通员工的参与,因此公司应尽早让他们参与进来。
- 对于普通员工来说,这是前所未有的、为自己开创一片新天地的绝佳机会。
- 数据工作离不开团队协作,即使是最复杂的大数据项目,也依赖于各类普通员工的共同努力才能实现其价值。

第 3 部分

数据是一项团队活动

第 7 章

多元化组织通道

普通员工无法解决所有问题

回想第 3 章的图 3.1,它描述了让每个人参与进来并使数据成为一项团队活动所需的人员和组织结构。最易被忽视的是位于图片中心的普通员工,其次易被忽视的是连接每个人所需的多元化组织通道。这些通道位于图片的外围,也是本章的主题(参见图 7.1)。

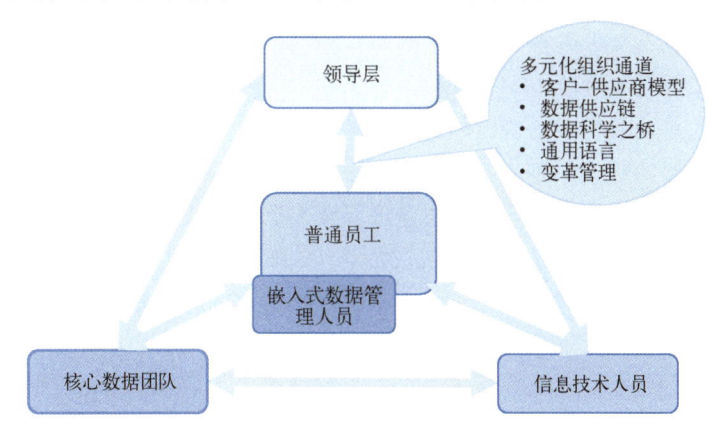

图 7.1 数据组织的关键组成部分

多元化组织通道:
- 客户-供应商模型
- 数据供应链
- 数据科学之桥
- 通用语言
- 变革管理

不幸的是,组织设置了障碍,使执行"数据是一项团队活动"的目标变得更加困难。这很容易使人联想到"孤岛,孤岛,孤岛",这是对问题的一个不错的描述。但一些关键问题的影响更为深远。本章的

第一部分详细探讨了这些问题。毫无疑问——这些都是深层次的根本问题！然后我们将讨论五种"多元化组织通道"，来作为解决这些问题的最佳手段。之所以称为"组织通道"，是因为它们连接着人们（类似于技术通道，数据实际上是通过技术通道流动的），而"多元化"是因为它们推动了高带宽、多方向沟通。

令人窒息的孤岛效应

虽然我没有测量扎实的数据来做支撑，但我发现大多数人喜欢与部门外的人一起工作。他们享受互动，享受共同解决问题的过程，享受这样做带来的自由感，享受共同努力解决长期存在的问题所带来的纯粹的快乐，以及享受从经验中获得的力量。

然而，如果孤立无援，大多数人都会退回到自己的孤岛中。即使在项目成功之后！这是不幸的，因为孤岛效应是团队合作的敌人，而团队合作是公司真正应用其数据所需要的。回忆一下第 5 章的斯蒂芬妮。即便在最简单的情况下，她也没有能够跨越部门界限来建立联系。孤岛效应不会形成密封的数据屏障，但它们确实使数据空间中的许多事情变得更加困难。

随着需要更多的协调，这些问题变得越来越严重。考虑一个数据产品，例如财务报告。制作这样的报告需要汇编和综合各个部门创建的数据。与清洗和对齐数据所需的工作相比，生成实际报告很容易。更多的孤岛意味着成倍增加的工作量，以及更多出错的可能。

孤岛效应给数据科学带来了更大的问题，因为业务团队和数据科学团队之间存在着一种隐性的、设计出来的紧张关系，这种紧张关系成为阻碍因素。为了解释这一点，我将使用"工厂"和数据科学"实验室"来进行比喻。"工厂"可能是字面上的工厂（指生产实体产品的工厂），但也可能是指某种产生决策的业务运营，比如，做出抵押贷款申请，读取核磁共振成像或钻探油井等。

工厂的目标包括满足生产计划和保持较低的单位成本。理念围绕着"稳定"展开：没有重大干扰，也没有意外。工厂管理者必须非常努力地建立和维持稳定,因此,他们自然会抵制任何威胁稳定的事物(一个重要的例外是,优秀的工厂管理者支持小数据项目及其带来的逐步增量改进,前提是这些举措是由工厂推动的)。

另外,数据科学实验室是专门为颠覆工厂而设计的。它的工作是找到比工厂的小数据更大的改进,改变决策方式,并推出新产品来取代旧产品。实验室代表着稳定性的对立面——这正是工厂管理者所讨厌的事情!

需要明确的是,任何两个部门之间都会存在一定程度的摩擦。毕竟,他们在争夺预算、人员和高层关注方面存在竞争。在所有条件相同的情况下,工厂管理者们更喜欢独自完成工作。他们当然不喜欢在改变财务惯例时来自财务部门的干预,或者在改进员工审核系统时来自人力资源部门的干预。但这些都只是烦恼而已。他们并没有从根本上改变工厂的运作方式。这些烦恼与实验室所发起的正面攻击和全面颠覆形成了鲜明的对比。

请注意,这种紧张关系是"设计出来的",因为将业务运营与数据团队分开具有相当大的价值(参阅扩展阅读:"这是爱迪生的吗?")。强调运营稳定性可以降低成本。强调数据团队的长期、颠覆性工作对于促进创新和未来的成功至关重要。但这些不同的目标造成的紧张关系威胁了数据科学的发展!

扩展阅读:这是爱迪生的吗?

人们普遍认为,托马斯·爱迪生(Thomas Edison)于 19 世纪末在新泽西州门洛帕克(Menlo Park)建立了世界上第一个工业研究实验室。正如我的合著者罗杰·霍尔(Roger Hoerl)和迭戈·库南(Diego Kuonen)以及其他人所观察的那样,爱迪生似乎已经认识到将实验室资源嵌入工厂里是行不通的,因为那些被分配的人员很快就会被日复一日的稳定性问题所牵扯。毕竟,维护稳定性是一项艰巨的任务,而且新问题会不断涌现。最终的结果是阻碍了真正的发明。反之,将实验室与工厂分离可能会导致实验室被孤立,并将其变成众所周知的"象牙塔"。

> 爱迪生之所以能够缓解这种对立的局面，是因为他同时领导着实验室和工厂。然而，对于大多数其他组织而言，从那时起，这种持续的对立局面从未得到过充分的解决。

缺乏通用语言也使合作变得更加困难

数据业务所需的团队合作第二个主要障碍是缺乏通用语言。虽然大多数人没有意识到这一点，但通用语言对于他们的业务至关重要。公司和其他组织采用相同标准来确保全球范围内一米的长度是相同的，统一一致的日程管理确保每个人都在同一时刻出席会议，每个人都同意"以美元计价"的含义。需要注意的是，如果没有通用语言，商业活动就不可能顺利进行。虽然这些都是陈词滥调，但依然非常重要。

幸运的是，大多数问题都比较平常，尽管其中许多问题都很重要。管理者们很难回答老板提出的"我们有多少客户？"这类基本问题，因为不同的业务部门对"客户"有不同的定义。缺乏通用语言使得管理人员更难以跨部门进行工作协调，而技术人员花在处理"无法交流的系统"上的时间比推进新技术的时间还要多。为了适应缺乏通用语言，需要付出的额外努力已经融入日常工作中，以至于像其他的诸如数据质量问题一样，人们甚至没有注意到它。

为了建立和维护通用语言，了解不同语言系统如何扎根和发展非常重要。首先，随着企业的发展、变革和创新，不同语言的种子就被播下，自然地引导团队和部门开发和采用新的、日益专业的业务语言，以帮助他们高效地完成工作。为了解释这一点，请思考一下，"客户"一词对组织中不同部门来说含义截然不同：对于市场部门来说，它意味着"合格的潜在用户"；对于销售部门来说，它意味着"可以签单的主顾"；对于财务部门来说，它意味着"支付账单的顾客"。在整个公司范围内，客户具有三种不同的合法含义，而每个部门只关注其中一种。

当公司规模较小时，或者当跨部门之间存在充分的工作沟通时，这可能不会造成太大问题。毕竟,大多数人都能容忍一定程度的歧义。也许在不知不觉中,他们会认识到通用语言的重要性。我们都会说:"让我们确保没有将苹果与橙子进行比较"或"让我们确保我们在同一频道上",以确保我们与他人保持同步(但事实并非总是如此。我观察到的最激烈的争论之一是在两个部门提出不同的市场份额数字时发生的。只有当一名初级员工注意到两个部门采用了不同的定义时,这个问题才得到解决。即便如此,双方的定义都有充分的理由,并且对是否改变这种定义犹豫不决!)。

随着各部门工作自动化,情况变得更糟。他们使用计算机系统和应用程序,利用数据模型和数据库(的业务语言)来获取和锁定用户。虽然自动化可以帮助每个部门提高效率,但这也意味着不同的语言最终会出现在不同的部门级数据库中。

更糟糕的是,计算机不能像人类那样处理歧义。它不关心术语的含义,并且锁定了不一致的定义。特别是,每个部门将看到的客户角色构建到其部门级数据库中。这一问题的一个明显后果是,管理层无法对前面提到的"我们有多少客户?"给出明确的答案。此外,部门以有意义的方式共享数据变得越来越困难。

人们为适应这些不同的系统而必须做的工作并不显眼:业务部门制定解决方案,IT 部门设计自定义接口来连接这些系统。这些措施增加了复杂性,但如果没有它们,工作就会停滞。(注意:这些不同系统所形成的一个整体、为适应这个整体而增加的软件以及为处理这些系统而增加的所有工作构成了"技术负债"。它将持续增长,直到公司铸起一道护栏来防止不同语言不受限制的野蛮增长为止。我将进一步在第 8 章讨论"技术负债"这一话题。)

使事情变得更加复杂的是,可以从通用语言中受益的问题和机会并不会自动浮现在眼前。因此,当人们抱怨"无法和我们的系统交流"时,他们会将问题误诊为与计算机相关,并将其分配给他们的技术部门。但"系统无法交流"直接源于缺乏通用语言,而技术部门无法建立这种通用语言。

些许几个"坏家伙"

当公司启动数据工程时,总会出现一个问题:"谁拥有数据?"几乎每个人都会提出不同版本的正确答案,即"数据是公司资产"。除非有特殊原因,否则每个人都应该有权访问他们需要的数据。特殊原因可能包括敏感数据、隐私限制和安全法规。

像那么简单就好了!对于有些人来说,他们表现得好像他们真正拥有数据一样。他们可能只是拒绝共享,采取措施向他人隐瞒潜在有用的数据,或者增加苛刻的共享条件——如此苛刻以至于会赶走潜在客户。我称这些人为"主动阻断者"。我真的不是责怪这些人——毕竟数据代表了权力。

重要的是,共享数据是一项艰苦的工作。如果你的邻居要借用你的耙子,你可能会借给他们。如果他们要借用你的割草机,你可能也会借给他们,并主动向他们展示如何给电池充电以及如何启动它。针对数据,事情就变得更加复杂了。所有数据都是微妙而细致的,经过专门定义,旨在服务于特定目的。它可能对某些其他目的有用,但对另一些目的则毫无用处。向想要使用你的数据的人解释这一切需要很长时间。我将那些乐于分享数据但不肯花时间确保"共享者"能够有效使用数据的人称为"被动阻断者"。我真的也不是责怪这些人——共享数据很难,并且这不在通常工作职责范围内!

尽管动机各不相同,但最终结果都是数据难以共享。

消除孤岛?

人们很容易得出这样的结论:公司应该消除孤岛。公司可以按照自己想要的任何方式进行组织:围绕业务流程、围绕关键人员进行"横向"组织,作为松散的专家联盟聚集在一起解决特定问题,等等。

但我认为孤岛不会很快消失。无论公司如何组织起来,都会有优点和缺点。孤岛源于"劳动分工"的概念,这是工业化的一个关键理念，150 多年来为生产力的提高做出了巨大贡献。在工厂车间，分工意味着一名工人挂车门，另一名工人用螺栓固定轮胎，第三名工人安装车窗。一条装配线协调了他们的工作。成本下降，产量和工资上升！孤岛使自上而下的管理变得更加容易，从数据的角度来看，它们确实拥有一个极其重要的优势：在细分领域中，工作人员可以深入了解完成工作所需的数据。孤岛将继续发挥作用。

除了这些优点之外，对于数据而言，孤岛仍然是一个大问题。解决这些问题的最佳方法是使用"多元化组织通道"。它们使弥合孤岛成为可能，使普通员工更容易联系和共享数据，推动"数据是一项团队活动"的理念，并研究在此阶段需要讨论的通用语言问题。

"通道"有相辅相成的四类，包括：

1. 客户-供应商模型，帮助数据创建者、数据客户和可能的其他人建立联系。将众所周知的客户-供应商模型应用于数据领域，这是有史以来最具真知灼见的管理理念之一。

2. 数据供应链，建立在客户-供应商模型之上，用于处理长期的、复杂的数据流。

3. 数据科学之桥，旨在解决孤岛给数据科学带来的特殊问题。

4. 通用语言，旨在确保当"人与人"或"人与计算机"系统"交谈"时，他们共享的是同一个词汇表。

我还将"变革管理"作为第五个组织通道，尽管它有些不同。毫无疑问，这里所需的变革是巨大的。积极管理这种变革至关重要。

我们将在本章中探讨每种方法的工作方式，并在第 9 章中总结高级管理层在建立这些工作机制时所扮演的角色。

客户-供应商模型

我认为客户-供应商模型（见图 7.2）是所有数据中最重要的工具。它将普通员工及其团队、流程、部门、公司置于图的中间，将其作为数据创建者和客户的角色。

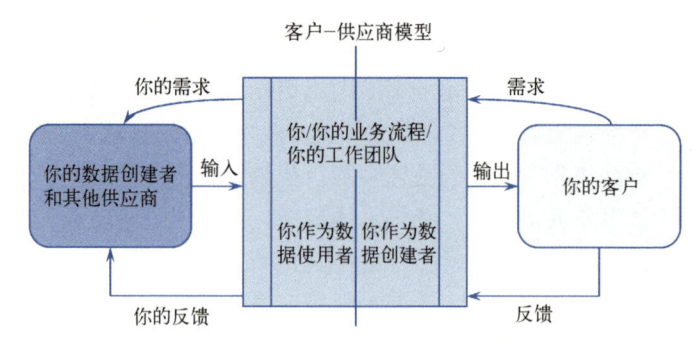

图 7.2 通过客户-供应商模型连接数据创建者和客户

图中各部分说明：客户-供应商模型，你的需求，你/你的业务流程/你的工作团队，需求，你的数据创建者和其他供应商，输入，你作为数据使用者，你作为数据创建者，输出，你的客户，你的反馈，反馈。

图的右边是客户和其他利益相关者——那些接收和使用你的"一切事物"的人。（注：虽然我们的主要兴趣是数据，但请将"一切事物"广义地解释为包括技术、实物产品、服务以及离开贵公司的任何其他事物，包括污染、缺陷和错误信息。）图的左边是供应商，即你所依赖的供应商。图中从左到右的箭头代表数据、产品和服务的主要流向。

最后，从右到左的流程是任何团队合作（如果有可能合作）中至关重要的需求和反馈（如沟通）通道。作为一名顾问，我首先会查看此类通道是否存在，它们是否运转正常，以及它们是否配备了对此负责的人员。在大多数情况下，上述内容他们是做不到的。换句话说，大多数人都会陷入"斯蒂芬妮陷阱"。

人们必须建立从右到左的沟通渠道。这样做比看起来更容易，并且可以快速提高数据质量。它还使从左到右的数据流自动化变得更容易、更高效。

总部位于美国的烟草和无烟产品供应商奥驰亚（Altria）是一家利用客户-供应商模型取得优势的公司。奥驰亚每天依赖超过 100,000 家便利店的销售网点数据来完成其市场报告和分析。一个向负责高级分析的副总裁科比·弗林（Kirby Forlin）汇报的团队负责管理这些基层组织。合同中详细说明了数据要求，团队旨在帮助商店满足这些要求。奥驰亚首先专注于最基本的要求。每日提交的内容只有 58% 符合质量要求，质量很差。但奥驰亚团队耐心工作，三年内将质量符合度提高到 98%。随着基本质量符合度的提高，奥驰亚团队增加了更高级的要求。正如弗林所说："这是一项持续进行的工作。有证据表明我们可以越来越信任数据，这为我们节省了在分析实践中的大量工作，并在组织中为我们的工作建立了信任感。"

数据供应链管理

现在，故事变得更加复杂了。公司总是以财务报表、提交监管机构的报告、预期销售报告等形式生成了复杂的数据产品。例如，随着数据科学团队寻求将分析和人工智能衍生模型嵌入为内部和外部客户服务的产品中，此类产品的范围和重要性正在不断增长。摩根士丹利（Morgan Stanley）的"下一步最佳行动"就是一个很好的例子。

生成此类数据产品意味着将整个公司的不同数据汇集在一起，并且越来越多地汇集公司外部的数据。实际上，与获取值得信赖的数据相比，编写报告就是小菜一碟，本书中讨论的所有问题都会随之而来。正如已经指出的，首席财务官告诉我，他们的员工超过四分之三的时间都花在处理平淡无奇的数据问题上。数据科学家发明了"数据整理（data wrangling）"这个术语来描述使（原始）数据转化为可用于分析或建模所需的工作。它消耗了团队高达80%的精力。

数据产品经理已经陷入了更大、更险恶的"斯蒂芬妮陷阱"，让他们对并非自己创建的数据的质量负责。

幸运的是，有更好的方法来获取高质量数据。它建立在客户-供应商模型和流程以及实物产品制造使用的供应商管理技术的基础上。特别是制造商深入其供应链，以澄清其要求，对供应商进行资格认证，坚持要求供应商进行质量评估，并对问题的根本原因进行必要改进。这使他们能够以最少的"实体产品整理"将组件组装成成品，从而提高质量并降低成本。

数据供应链管理同样重视数据管理的各个方面——从整理客户需求到确定需要哪些数据，从确保正确创建数据到组织数据，最后再到组装数据产品。它是平衡通用数据与产品中独特和定制数据的优势的一种方法（参阅扩展阅读："被低估的复杂性"），并且它同样适用于内部和外部数据。

> **扩展阅读：被低估的复杂性**
>
> 许多数据科学项目和数据产品"重新利用"为其他目的而创建的数据。例如，服装制造商利用分析销售数据向客户提供有针对性的产品。然后，这些数据将被重新用于销售和财务报告。这种重新利用使质量管理变得复杂。例如，没有人会希望为"福特探险者"设计的启动装置也适用于"斯巴鲁傲虎"。我们还没有理解这可能带来的全部影响！

数据供应链管理给人一种简单而优雅的感觉，因此我将这些步骤作为"工具 F"进行了简短总结。这里特别有趣的是步骤 1"建立管理职责"。步骤 1 由两个子步骤构成：

a. 产品经理任命一名"数据供应链经理"来协调工作，并从整个供应链的每个部门（包括外部数据源）招募一个团队。嵌入式数据管理人员（参见第 10 章）是很好的选择。

b. 将与数据共享和所有权相关的问题放在首要位置。大多数问题都会消失，因为很少有管理者愿意在同事面前表现出强硬立场反对数据共享。

尽管采用数据供应链管理的公司不多，但那些采用数据供应链管理的公司报告了良好的应用情况。例如，美国电话电报公司（AT&T）是这一方法的先驱，他们使用该方法提高了财务保障，每年为自己和整个行业节省了大约 25 亿美元。

数据科学之桥

如前所述，数据科学之桥以客户-供应商模型来应对严酷的孤岛效应给数据科学带来的困难。为了延伸"工厂/实验室"的比喻，想象一下工厂和实验室位于河的两侧。一座桥梁横跨河流，将两者连接起来，解决了两者之间的根本矛盾，并使工厂能够引入更多、更有用的由数据驱动的创新。

数据科学之桥有四个主要职责:

1. 开发和维护工厂和实验室之间的高带宽、双向沟通渠道。这包括开发通用词汇表(这样工厂和实验室就不会彼此各说各话),确定和澄清哪些是最需要的创新(这样实验室才能专注于正确的事情),并确保提供和理解反馈。

2. 开发和运行一个流程,通过这个流程使实验室的发明适合工厂。这可能包括将新创建的算法嵌入工厂技术和/或 IT 系统中,或培训工厂员工等。

3. 选择和分配所需的资源。人员和资金将被优先分配给创新机会。

4. 在工厂、实验室和高级管理层之间建立信任。归根结底,只有信任才能缓解紧张局势。

"工具 H"提供了一个流程图,描述了数据科学之桥如何工作。

几十年前,贝尔实验室和美国电话电报公司(AT&T)在技术转让过程中出现了该桥(数据科学之桥)的前身:更通用的 4D(数据"Data"、发现"Discovery"、交付"Delivery"、美元"Dollars")流程,以及"站在技术和商业组织之间的分析翻译员(Analytics Translator)"。今天,瑞士联邦统计局正在展示如何建设这座桥,使其成为数据科学能力中心的一部分。虽然现在还处于早期阶段,但帮助建造这座桥的迭戈·库宁(Diego Kuonen)认为这座桥正在消除之前过程中的混乱。他指出:

最重要的决定都是在这座桥上做出的。它促进了"实践社区"的发展,这些社区对"工厂"来说,大有裨益。

库宁仍然富有哲理地评论道:"我认为我们只触及了表面","通用语言真的很难。我们需要继续把这件事做好。"

当然,很少有其他组织能走得这么远。因此,大多数人应该首先制定"数据科学"(或称"人工智能""逻辑分析"或实验室使用的任何其他名称)的操作定义,并提出一些初步问题:

- 目前哪些实验室项目最能从更好的业务连接中受益?
- 哪些工厂团队、实验室团队需要优先连接?
- 是否有来自工厂或实验室的候选人领导这座数据科学之桥?

这位候选人是否受到其他职能部门的充分尊重，从而发挥有效的作用？
- 我们如何使这座桥与公司的战略利益保持一致？

接下来，数据科学实验室领导（在大多数情况下获益最多）应该主动与工厂领导展开对话。最初，实验室和工厂之间的联系借助"低速通道"或非正式通道可能就足够了。思想开放的实验室领导和工厂领导可以主动跨组织边界讨论一些概念，并向高层领导提出具体建议。

较低级别的管理人员和技术资源也不需要等待自上而下的指令。他们当然也可以找出自己部门内部的哪些领域受到了实验室和工厂之间紧张关系的阻碍，并开始对话，讨论如何更好地促进合作。

建立和维护通用语言

通用语言使你可以更轻松地找到需要协调行动的所有工作、目标和战略，包括交付产品和服务、商机评估、应对威胁、减少技术负债、数据共享，以及为数据驱动的未来构建平台。更棒的是，精心开发和部署的通用语言将在很长一段时间内为组织提供良好的服务。

国际金融公司（International Finance Corporation）开发了一种通用语言来协调运营和财务数据，并减少各个部门之间的激烈争执。美国各州政府部门均制定了通用语言，以改善客户服务和数据质量，与此同时减少开发和（持续）运营的经费支出。总部位于加利福尼亚州、从事石油天然气业务的艾拉（Aera）能源有限公司开发了一种通用语言，以加速整个公司标准化流程的实施，使工程师和地球科学家能够将更多的时间花在技术分析和决策上，并降低技术负债。整个电信行业的规则需要协调一致，才可能确保任意的两个人可以用手机通话。事实上，如果没有标准协议，互联网自身就会崩溃。同样，更高效的结算、迅捷的物流和客户服务的改善等需求激发了整个零售行业对通用产品代码（如条码）的兴趣，代码可以唯一性地标识每个产品和产品的制造商。

这些例子说明对个人、部门、公司和整个行业来说，存在大量的潜在长期利益。与此最相关的是，那些在数据、数据科学和人工智能领域构建未来的人必须以协调一致的方式工作，共享数据、构建模型并做出以数据驱动的决策。聪明的企业会依靠敏锐的嗅觉找到机会。

尽管如此，在五种多元化组织通道中，通用语言可能是最难落实到位的。两个最重要的原因似乎是：

- 如果没有迫在眉睫的问题，开发通用语言的短期成本可能会超过短期收益，从而难以维系这种努力。
- 即使在最好的情况下，也需要将业务紧迫性、长期思维、人员、流程和愿景强有力地结合起来，才能完成此项工作（有关完整的标准列表，请参阅工具 H）。

推进通用语言的关键

克服这些问题有几个关键点。首先，正如我之前指出的，解决缺乏通用语言的问题已经与日常工作交织在一起，以至于大多数人都没有注意到这一点。第一个关键点是培养对问题的感觉。为此，选择三四个常用术语（对于金融服务公司来说，证券、买方和客户就是很好的例子），并要求人们写下这些术语的定义。将它们放在同一页纸上，看看它们的一致程度如何。各种定义在大多数情况下相距甚远——一家地区性银行进行这项研究时，他们对"不活跃客户"这一术语甚至提出了 20 多种不同的定义。

不幸的是，大多数在企业层面创建通用语言的努力都失败了。第二个关键点是选择恰当的切入点。虽然减少技术负债及部门内讧都是值得追求的高价值目标，通用语言可能有助于实现这些目标，但为前者组建所需的团队可能会是个不可能完成的任务，而为后者组建团队却可能完全可行。

高层领导，特别是非常高级的通用语言负责人，必须明确要解决的问题，权衡潜在的收益和失败的可能性（资源中心 1 中提出的标准可以提供帮助），并做出明智的决策以推进向前的发展。

第三个关键点是通过缩小问题范围的方式进行聚焦，首先关注那些在公司中存在联系的概念。回想上面的例子,"客户"对不同的人来说意味着不同的事情。解决冲突的秘诀在于识别和阐明潜在的概念:

1. 首先,不要将"潜在的客户""签单的主顾""支付账单的顾客"视为具体的人,而是将其视为一个或多个人或团体(如组织)所扮演的角色。

2. 进一步进行抽象,将"当事人"定义为"与企业有利害关系的个人或组织"。

3. 在允许的范围内利用上述的灵活性,根据业务情况为各方分配尽可能多的角色。

通过这种方法,统一概念"当事人",市场、销售和财务部门更容易合作,即它们专注于各自部门内的特定角色。经验表明,这样的概念不超过 150 个就足以改变整个公司。

第四个关键点是将这些概念整合到数据模型与系统架构中,并通过判断来强制执行它们。实际上,这意味着在解决特定问题时需要允许存在局部差异,但同时在所有更高层级上必须严格执行这些概念。

最后一个关键点是聚集一系列多元化人才。从抽象数据建模者到能够清晰表达复杂思想的人,从业务经理到技术专家,从刚才提到的"强制执行者"到沟通者(推销成果的人),最后到工作类似于"牧猫"的流程经理,就像其他任何事情一样——让恰当的人参与进来是无可替代的。

注:牧猫(Herding Cats)是一个习语,指试图控制或管理一群无法控制或者出于混乱状态的个体。

变革管理

普通员工既是数据的创建者又是数据客户的这一概念是显而易见、一目了然的。它也是变革性的——在公司范围内建立新的工作关系会改变一切!这可能是这里讨论的组织升级中争议最小的一种。"数据为普通员工提供了前所未有的机会""小数据(至少在今天)比大数据更重要""组织迫切需要通用语言""实际上,人们已经跨越孤岛工作在一起了"——凡此种种,以上这些观点、想法和概念都将被证明是颠覆性的。

除了得到丰厚回报的承诺之外，大多数人和公司将持续抵制——无论是主动还是被动——就像他们抵制所有变革一样。明确的补救措施并不多见，但主动、专业的变革管理可以提供帮助。这是我的许多客户取得成功的重要因素。有关该主题的文献汗牛充栋，不胜枚举。在此我不尝试进行总结而是简单地展示一张图（图 7.3），这张图给予了我很大的帮助并描述了该如何使用它。

成功变革的四个组成部分

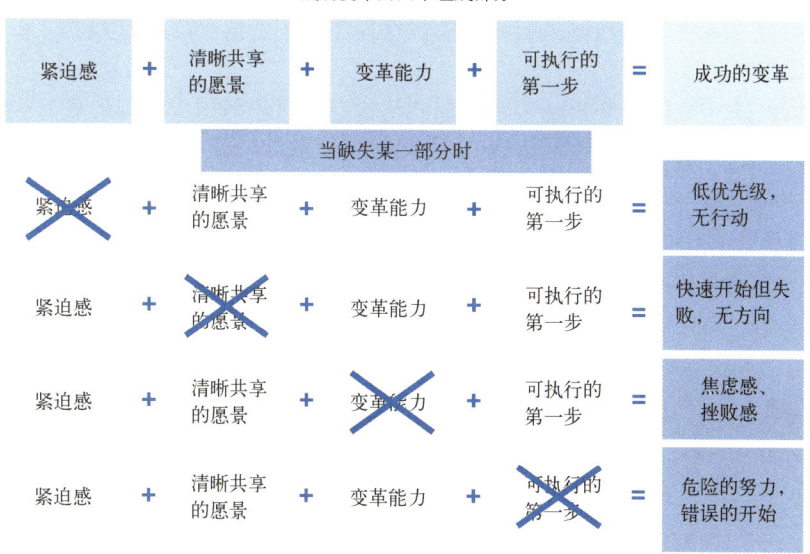

紧迫感	+	清晰共享的愿景	+	变革能力	+	可执行的第一步	=	成功的变革
				当缺失某一部分时				
~~紧迫感~~	+	清晰共享的愿景	+	变革能力	+	可执行的第一步	=	低优先级，无行动
紧迫感	+	~~清晰共享的愿景~~	+	变革能力	+	可执行的第一步	=	快速开始但失败，无方向
紧迫感	+	清晰共享的愿景	+	~~变革能力~~	+	可执行的第一步	=	焦虑感、挫败感
紧迫感	+	清晰共享的愿景	+	变革能力	+	~~可执行的第一步~~	=	危险的努力，错误的开始

图 7.3 管理变革的模型

如图 7.3 所示，成功的变革需要很多条件同时起作用。去掉这四个部分中的任何一个，变革的尝试就会夭折，会功败垂成，甚至会有更糟的情况发生。我使用该图的目的之一是，帮助公司不会遗漏一些使之陷入困境的因素。例如：

- 这真的是排名前三的优先事项吗？
- 愿景是否清晰？更重要的是，大家都认同吗？
- 我们是否拥有足够的求知欲、财力、情感韧性和勇气来做出所需的变革？

- 人们知道目前应该做什么吗？

几乎总是有一些领域或其他事情值得关注。

重要的是，尤其与这里的主题相关的是，这个图是"递归的"，因为它适用于任何级别：从个人到工作团队，甚至是最大的公司或政府机构。在个人层面上，几乎每个人都可以找到自己力所能及的事情并做得更好（也就是说，他们有能力改变）。我强调了数据质量和小数据（愿景），并提供了工具包来帮助你入门（第一步）。我强调了机会，但通常人们必须找到自己的紧迫感（就像那些加入数据践行者的人所做的那样）。

公司或团队规模越大，诊断就越复杂，尽管强调人员、质量、小数据和解决孤岛问题的步骤凸显了许多必须要做的工作，这是一个了不起的开始（最终，深刻的、根本性的变革是自上而下的。不幸的是，太多的高层领导仍然处于观望状态。我将在第9章讨论这个问题）。

尽管如此，更深入的变革管理专业知识还是非常有帮助的。如果你的人力资源部门有这方面的专业知识，请让他们沉浸其中。海湾银行（Gulf Bank）的萨尔玛·阿勒哈吉（Salma AlHajjaj）领导的人力资源部门拥有此类专业知识，她表示："帮助公司变革只是我们工作的一部分。"我希望更多的人力资源部门能够这样看待公司变革问题（参阅扩展阅读："人力资源部门的机遇"）。

扩展阅读：人力资源部门的机遇

本书的一个主旋律是"机遇"，对于个人和公司都是如此。这里提出的数据和组织变革为人力资源部门提供了一个特殊的机遇。显然，数据可以帮助他们更好地完成工作，但特殊的机遇在于帮助领导整个公司的变革。当我问我的客户是否可以让人力资源部门参与进来时，大多数人表示反对，认为该部门充满了官僚主义，增加了其他人的工作负担，推行与实际情况不符的员工参与理论，其他人几乎无法完成分配给他们的任务，并且在任何定量指标方面都处于落后状态。

我希望人力资源部门能在这里看到机遇。拥抱数据，构建变革管理方面的专业知识，并参与其中！

最重要的收获

- 许多因素阻碍了充分发挥数据作用所需的团队合作。虽然孤岛效应位居榜首,但缺乏通用语言和一些"坏家伙"(如那些号称拥有数据的人)也会成为障碍。
- 然而,孤岛并没有消失。所以公司必须建立"多元化组织通道"来应对孤岛问题。我将客户-供应商模型、数据供应链管理、数据科学之桥、通用语言和变革管理列为最重要的内容。
- 构建和操作它们虽然不十分复杂,但也不简单。请参阅工具包中的"如何建立和管理数据供应链""如何在企业层面管理数据科学"和"如何评估是否能够成功开发并传播通用语言",以帮助指导你的工作。

第 8 章

不要混淆苹果和橙子

宏大的数据工程需要卓越的技术，但它们之间却是对立的

如果公司要实施和扩展其数据工程，则需要可靠的信息技术、IT 部门和工程计划。然而，正如技术力场分析中提出的那样（参见第 2 章），这存在着巨大的矛盾：

- 正如我已经指出的，"数据"和"信息技术"是不同类型的资产，应该分开管理。然而，太多的人和公司将两者（数据和信息技术）进行混合管理，这对两者及公司都不利。这种矛盾以多种方式表现出来：价值来源被忽视，IT 面临着无法处理的数据问题，对"新技术或变革的出现可以带来更好数据"的期待未能实现。
- 人们对数字化转型产生了浓厚的兴趣。此外，云计算、人工智能、区块链和物联网等新技术潜力巨大。许多公司已经准备使用这些技术，因为这些技术已经证明了自身的有效性并且可以为企业创造更多价值。与此同时，大多数公司和业务部门的人员对其 IT 部门的信任度较低（参阅扩展阅读："业务部门与 IT 部门之间的信任"）。在这种情况下，很难判断任何"变革性"事件的发展走向。此外，数据还没有准备好。以当今的数据质量水平，人工智能确实令人生畏。计算机科学家和其他人引用了"垃圾输入，垃圾输出"这一谚语作为一种不温不火的解释，

但如果没有高质量的数据，转型就无法成功。
- 现有系统、应用程序和数据结构仍然"有效"。这说明很多任务需要完成，很多功能需要自动化，很多数据需要捕获。系统可能陈旧、笨重，并且需要大量人工操作，但它们可以帮助公司平稳地度过每一天。此外，基本的存储、通信和处理技术已经很廉价，而且每天都在变得更廉价。与此同时，大多数公司都背负着巨大的技术负债，这使得改变任何事情都变得困难。似乎所有新东西都是简单地堆叠或附加上去的，对于整体架构缺乏通盘考虑。

厘清这些矛盾将使公司更容易、更好地利用其数据（厘清这些矛盾对于那些希望更好地利用信息技术的人也很重要，但这超出了本书的范畴）。

扩展阅读：业务部门与 IT 部门之间的信任

当我的视野里出现了业务人员对其 IT 部门缺乏信任的情况时，我感到有些惊讶。毕竟，谷歌、脸书、Salesforce、苹果、IBM、SAP 等科技公司一段时间以来一直是商业界的偶像。人们喜欢它们的手机和附带的出色应用。最后，虽然人们常常抱怨"统计学是我在大学里最不喜欢的课程"，但 STEM（科学、技术、工程和数学）课程却越来越受欢迎。

但当我四处询问时，业务人员毫不迟疑地表达了他们的敌意。我听到了诸如"我们真的不相信他们能做任何重要的事情""我们的系统无法交流""他们是公司里最不受欢迎的群体"以及"他们的成本太高了"的类似评价。即使当 IT 团队争先恐后地引入视频会议、在线订购和其他创新来帮助扭转局面时，这样的评论仍然存在。（有一个好消息是：许多业务人员确实喜欢与单个 IT 团队成员一起工作，即使他们不喜欢这个部门。）

从他们的视角来看，许多技术人员承认他们与业务部门同事之间存在问题。他们承认技术部门有时无法交付服务，但同时指出不断变化的需求往往是无法交付的根本原因。大多数情况下，他们感到不被认可。"没有人意识到我们所做的事情有多么困难"，这句话基本上形象地概括了技术人员的挫败感。

一般来说,人们和公司应该更加关注"信任"问题。我已经提到了对数据缺乏信任的情况。根据美国自动数据处理(ADP)研究所的数据,人们对同事、团队领导和高层领导的信任度处于历史最低水平。

数据和信息技术以及不同类型的资产

高级管理人员的首要任务是为最重要的任务分配合适的人员和部门,包括数据和信息技术。将此二者混合在一起构成了一个巨大的陷阱,至今仍有许多公司深陷其中。

为了理解这一点,假设一个场景:有一部电影,你会用何种方式来观看呢?最初,看电影的唯一方式就是去电影院。然后电视出现了,你可以在家里观看,但是需要在电视台规定播放的时间。然后是录像带,你想什么时候看就可以什么时候看。最近,流媒体技术出现了,现在你几乎可以随时随地在任何设备上观看电影。

流媒体有很多优点,但它做不到将一部烂电影变成一部好电影!糟糕的电影就是糟糕的电影(参阅扩展阅读:"进一步讨论信息技术和高质量数据")。

扩展阅读:进一步讨论信息技术和高质量数据

需要明确的是,新技术很可能帮助公司采集到更多、更好的数据。以更高分辨率捕获图像的摄影机可以使"超级慢动作"成为可能,环绕扬声器可以使动作感受起来更加身临其境,而宽屏幕可以提供窄屏幕所无法提供的全景体验。这些都是重要的进步,公司应该努力抓住这些进步。

然而,重点仍然是:慢动作、环绕声和更宽的屏幕不会把一部烂电影变成一部好电影。这些技术也无法帮助电影制作者决定拍摄哪些场景、如何刻画亦正亦邪的男主角,或者如何烘托出高潮场景。

现在,关键点来了——内容和媒体是不同类型的资产。制作一部电影与创建一个可供人们观看电影的流媒体网络所需要的技能是不同的。日复一日的管理工作是不同的。公司以不同的方式从中赚钱。尽管对于观看电影来说两者都是必要的，但内容和媒体是不同类型的资产。

在这个类比中，电影（内容）是"数据"，你观看的媒体是"技术"。用于帮助创建、存储、处理、访问和使用数据的技术是同一种资产。但实际上，数据本身是由业务部门创建和使用的，因此必须由业务部门管理。当然，对于公司来说，两者都需要，但数据和信息技术是不同类型的资产，需要不同的技能来管理、有效使用和投入。因此，你必须分别管理数据以及用于存储、迁移和处理数据的技术。

有些人可能会抗议说，数据和技术如此紧密地交织在一起，以至于必须一起管理它们。但这种逻辑根本站不住脚——公司的员工使用公司的金融资产来完成工作，但这并不能说明公司应该将人员管理和财务管理结合起来。此外，人们实际上并没有使用技术来管理金融资产，而是管理有关金融资产的数据。但在指定技术、财务和员工的责任方面并不存在混乱。

最大的错误在于让数据从属于技术。然而，有太多公司认为"数据保存在计算机中"，所以就这么做了（让数据从属于技术）。按照这个逻辑，人们会向设备的管理部门报告！正如时任投资基金和其他金融市场数据提供商晨星公司（Morningstar）数据主管利兹•科舍尔（Liz Kirscher）所说："我们不会让技术部门负责数据，就像我们不会让研究部门负责技术一样！"

第二大错误在于错失了价值来源。人们很容易将亚马逊、脸书、谷歌和许多其他公司视为科技公司。事实上，它们确实提供了一些令人印象深刻的能力。但我认为这种观点是不完整的，甚至可能具有误导性。以谷歌为例，它组织了全世界的信息。同样，领英拥有大量有关专业人士的数据，使其能够识别"人脉"，以帮助推动人们的职业生涯发展，等等。请注意，我并不是说技术不重要——它确实很重要。但公司不应该让它掩盖其他价值来源。

很明显，不同类型的资产需要不同的管理体系来识别其特殊属性。对于公司来说，第一步很明确——你必须明确企业对数据负有主要责任。这种责任延伸到每个人，包括数据客户、数据创建者、决策者、公司资产保护者等。它包括元数据（如数据模型、数据字典、数据目录）、隐私和安全策略的定义和执行，以及使数据发挥作用的各种举措。如果你将数据工程的领导权置于 IT 部门内部，那么你必须尽快为它们找到一个更好的归宿，这是最基本的要求。

将 IT 部门从不适当的岗位职责中解放出来，将从根源上消除业务部门的不满。这能使 IT 部门专注于它应该关注的地方，即加深对业务的理解，自动化定义明确的流程（更多内容将在后面介绍），并找出哪些技术最有可能服务于公司的长期利益。

IT 部门处境艰难

如今，似乎没有人打开电子邮箱时不会收到诸如"数字化转型正在席卷全球"之类言论的轮番轰炸。这真令人兴奋。如果这是真的就好了！

当然，我们已经习惯了炒作。这可能是最新款的化妆品，有望让肌肤更显年轻，或者是一项政治宣言，只要你投票给我们的候选人，世界就会得到拯救，或者某些新产品改变了游戏规则。在合理范围内，我们接受那些推广新产品、想法或技术的人以最有利的方式描述它。但当产品、想法或技术无法实现或分散我们对真正问题的注意力时，那就完全是另一回事了。在我看来，数字化转型就是如此。

数字化转型有望利用技术能力从根本上改变客户交互模式和业务流程，从而改善并颠覆整个行业。上述如亚马逊、谷歌和优步等公司证明了这种潜力。如今，从人工智能、区块链、数据湖、5G 到虚拟现实，有许多潜在的变革性技术已经蓄势待发。

视频会议确实得到了改进，而且很有帮助。许多商店和餐馆现在都支持库存数据查询和在线订购的方法。我可以查到五金店是否有我需要的喷漆，然后在应用程序上订购晚餐，开车直接去店里，然后将那些订单商品直接放入我的车里。这取代了更多的手动工作：打电话、与某人交谈、置身其中等。但这都不具有颠覆性。

更糟糕的是，太多所谓的"转型流程"效果并不理想。物流和客户互动是数字化程度较高的领域。但供应链面临的困境正在减缓经济复苏，这可能需要数年时间才能解决。对于数字化客户交互，目前没有定论。我交谈的人提供了一个又一个的例子——家居用品网站说有充足的库存，但其实并没有，调度失当，在线服务台让他们无休止地兜圈子，却从未提供真正的帮助，凡此种种。事实上，这种侮辱已经导致一些人决定加入数据践行者中。

研究证实了这些轶事，转型失败率在 70%～85%。太多的"转型"根本不会起到很好的作用。技术部门顾问尼尔·加德纳 (Neil Gardner) 总结道："你对数字化转型印象不深的一个重要原因是绝大多数数字化转型都失败了。"

这些示例有助于解释为什么业务部门不信任他们的技术部门。他们看到了失败、高昂的成本和缺乏对业务的理解。一些业务人员告诉我，IT 是所有公司职能中最不受尊重的。我不明白当公司不信任自己的 IT 部门时如何进行数字化转型。

更糟糕的是，炒作让数字化转型看起来很容易——开启一个流程，引入新技术，并在几个月内享受客户满意度提高、成本降低和员工敬业度提升的好处。但数字化转型实际很艰难。它需要变革管理、流程、数据和技术人才罕见地融合在一起。此外，正如拉瑟提（Lacity）和范·胡克（Van Hoek）在他们的区块链研究中所表明的那样，即使存在清晰的、切切实实的业务问题，也可能需要数年时间才能将所需的参与者（如普通员工）组成联盟。

因此，那些有兴趣追求数字化转型的人必须首先建立信任，而做到这一点的唯一方法就是大幅减少上述基本错误。但即便如此，也不容易。如前所述，技术部门经常被要求自动化定义一个不明确的流程，这可能会导致各种错误，从而使技术部门声誉扫地。

技术负债使这种情况雪上加霜。技术基础设施已经变得混乱不堪，原因很容易理解。当一个业务部门需要新事物时，IT 部门会努力尽可能地快速提供，通常会采用来自 Salesforce、Oracle、SAP 和许多小型最佳供应商的软件套装解决方案。每个软件解决方案都有自己的数据结构，因此 IT 人员可以定制代码，将现有数据源中的数据抽取、转换和加载（ETL），以适应新的数据结构。一切都进行得非常顺利。

但由于缺乏连贯一致的架构，定制化变得越来越复杂，满足下一个普通的请求所需的时间和难度也随之增加，更不用说满足真正的数字化转型的严格要求了。IT 部门处境艰难，被要求要"贴近业务"，但业务部门中没有人提出建立一个连贯一致的基础架构的需求。但这并不能阻止业务人员抱怨"无法和那些系统交流"，尽管它们的设计初衷并不是如此。然而，IT 部门受到了指责，技术负债也随之不断增加。

使情况更加复杂的是，一些 IT 部门已经失去了在企业级进行架构设计的能力。当我问一位首席信息官连接两个主流生产系统为何如此困难时，他回答说："我们的设计师可以设计商店，但无法设计出整个购物中心。"

IT 部门陷入了恶性循环：（支持应用程序或新应用程序的）需求不断涌现，因此 IT 部门专注于这些请求，即使满足这些请求会增加技术负债。但反过来这又使得快速响应业务请求变得更加困难，从而降低了业务部门对 IT 部门的信任。我确信许多专业技术人士都感觉自己像一座"循环的下水道"。

要做数字变革者？先改变你自己！

应该采取什么措施？首先，我注意到信任、技术负债和所需技术升级积压的问题已经长期恶化。解决它们也需要很长时间。但一些简单的步骤会有所帮助。

我发现没有什么比第 7 章中介绍的客户-供应商模型更能帮助我们修复破裂的关系了。它使人员、团队和部门能够明确角色、关系和责任。模型可以帮助他们发现缺失的需求和反馈通道，摆脱推卸责任的怪圈，并达成共识。

因此，作为第一步，让 IT 部门和业务部门必须认识到自己作为供应商和客户的角色就不足为奇了。大多数业务人员都欣然接受 IT 部门是一个供应商，尽管是一个糟糕的、价格高得离谱的供应商。但即使粗略地看一眼，也会发现几乎所有的业务部门都是更糟糕的客户。一个简单的事实是,IT 部门不知道业务部门想要什么,很大程度上是因为业务部门自己也不知道想要什么。那些想要得到更好技术的人必须先成为更好的技术客户。

第二步:直面炒作。太多的错误信息(通常来自兜售产品的科技公司或兜售实施服务的顾问)会损害双方的关系。正如我在这里所描述的那样,现实情况要微妙得多。要完成这项工作,请进行你自己的技术力场分析(工具包中的工具 A),并用技术力场分析来使所有相关人员与现实保持一致。

第三步是为 IT 部门设定合理的预期。撇开所有的炒作不谈,仅靠 IT 部门很难维持竞争优势。当你拥有其他人没有的东西时,你可以保持优势——专利药物、有关化学工艺的独有知识,或者使你能够独家获得稀有成分供应商、客户群的许可等。这些东西是"专有资产",因为只有一家公司拥有这些资产,并且可以随着时间的推移保护这些资产。在第 5 章,我呼吁普通公司寻求专有数据,从而创造这种优势。

除非你自己开发(很少有公司这样做),否则信息技术不属于专有技术。它们可以自由出售,且如前所述,价格越来越低。如果你开发出一种聪明的人工智能算法并首先弄清楚如何使用它,你很可能会获得一定程度的优势。但要维持这种优势是很困难的——向你出售技术的供应商会寻求对你加大授权控制,关键员工还可以跳槽到你的竞争对手那里,而其他人则会模仿你开辟道路的模式。

这并不是说你的企业不需要正确的信息技术组合,当然需要。厘清这种组合,并为技术部门设定切合实际的预期,这需要业务领导者和技术领导者的共同努力。

我发现图 8.1 中总结的过程有助于实现这一点。它基于我第一次在约翰·罗伯茨(John Roberts)的著作中读到的想法,并在一定程度上根据数据进行了一些修改。

| 1. 确定战略/业务目标 | ⇒ | 2. 建立执行战略所需要的组织 | ⇒ | 3. 梳理所需工作流程和数据,掌控就绪 | ⇒ | 4. 利用技术扩大规模,降低单位成本 |

图 8.1 连接战略、组织、流程和技术的流程

公司应该从左到右一步一步地完成这一流程。公司可以合理地期望其技术部门能够因定义明确的、受控的、管理得当的流程和数据而扩大规模并降低单位成本,但要求更多是不可能的。这意味着,公司不应期望其技术部门能够清理混乱的数据或将定义不明确的流程自动化。事实上,糟糕的自动化流程意味着公司只能更快地生成糟糕的产品、服务和数据。也不应该要求技术部门更好地定义其不曾负责的业务流程。反过来,技术部门需要更有效地拒绝那些其无法做到的无理要求。

另外,业务方必须更好地定义其工作流程,使它们进入一种可以自动化的状态,并在有必要时进行转换。

下一步涉及围绕着数据寻找共同点。即使技术部门和业务部门在其他方面没有达成一致,但所有人都同意一点,即数据至关重要且必须对其进行更好的管理。我已经指出,业务部门必须对数据(如内容)承担主要责任和 IT 部门必须对技术(如媒体)承担主要责任。但界限到底在哪里呢?关于质量、安全性、元数据、通用语言、数据架构和存储方面谁负责什么,这是一个开放式的讨论,可以开始建立信任并解决一些重要的业务问题。

最后,公司迟早必须承担技术负债,至少是部分负债。为此,如第 7 章所述,公司首先必须建立通用语言。反过来,这将使 IT 部门能够简化数据架构,从而使公司能够淘汰独立系统,最大限度地减少临时方案的使用,并消除对定制接口的需求。这些措施有助于减少技术负债。

也许使用通用语言减少技术负债的榜样是艾拉(Aera)能源有限责任公司,这是一家位于加利福尼亚州贝克斯菲尔德的能源公司。艾拉公司通过合并重组成立,最初该公司发现自己背负着数百个非集成化的遗留系统和不一致的信息管理实践方法论。该公司成立一年后的一项重大收购进一步加剧了此类问题。几年后,艾拉公司实施了企业资源计划(ERP)系统,该系统提供了一定程度的集成和新功能。但该公司仍然拥有数百个遗留系统。

艾拉公司的领导层意识到情况越来越严重,需要通用语言来解决根本问题。艾拉公司仅用了 53 个核心概念就抓住了其业务的精髓。这些构成了长效数据、应用程序和技术架构的核心,使艾拉公司能够在几年内更换数百个系统并增加新功能。

最重要的收获

- 宏大的数据工程需要卓越的技术,但对"数据"与"信息技术"的正确定位的混淆、缺乏信任和技术负债阻碍了大多数公司的发展。
- 公司必须将数据管理和信息技术管理分开。
- 重建信任需要相当长的时间和各方的善意。
- 公司不应期望信息技术部门清理数据或将定义不明确的流程自动化。相反,公司应该降低预期从而扩大规模并降低单位成本。
- 随着信任的增长,技术部门和业务部门应该共同努力解决技术带来的各种负债。

第 9 章

文化变革需志存高远，也应循序渐进

注意：我预计许多高层领导会直接跳到本章，因此其中包含了一些拓展内容，以使读者更容易理解。

高级管理层一直处于观望状态

正如我在第 2 章详细讨论的那样，数据领域已经取得了很多伟大的成功，即"亮点"，其中改进的数据质量和/或数据科学所取得的成就是一座丰碑。尽管如此，数据依然很糟糕，在企业内部增加了巨大的摩擦，并且大多数数据科学项目都失败了。即使是巨大的成功也没有带来更大的、企业范围内的成功。

总的来说，大多数高管在数据方面都持观望态度。他们可能聘请了首席数据官，为技术升级提供了资金并签署了隐私条款，但他们并没有像对待其他真正重要的话题那样充分参与。在数据方面，他们也没有提供真正转型所需的自上而下的领导力，关联数据和业务优先级，提供新思想生根发芽所需的培育环境，或解决此处描述的组织问题（参阅扩展阅读："是时候认真对待数据了！"）。

扩展阅读：是时候认真对待数据了！

新想法通过各种渠道进入公司：正规的实验室、供应商的诱惑、新员工、寻求新方法解决棘手问题的中层管理人员。绝大多数新想法很快就会失败。一些新想法效果很好，并在特定领域流行起来。

但一些新想法确实流行起来时，事情很快就发生了变化。目标从渐进式发展或逐个项目的推进的心态转变为快速转型的急功近利心态。公司所聚集的资源的广度和深度令人印象深刻，他们培训和调整人员（例如，反对者被调往其他地方），他们不断传达新的工作方式和价值观，高层领导者亲自推动这项工作。在我的职业生涯早期，美国电话电报公司（AT&T）为其网络数字化所做的努力给我留下了深刻的印象。我从儿子那里听说了亚马逊开发 Echo/Alexa 智能音箱的"项目 D"计划，那里也充满了类似的紧迫感。看来，当事情迫在眉睫时，他们的行为就会过火。人们在商业社会中常说"失败不是我的选项"。在这些情况下，确实如此！高层领导处于进退维谷的夹缝之中。

你还可以判断一家公司是否（或尚未）认真对待这件事。公司可能会做正确的表态，并允许个人和小团队推动项目，有时甚至是大项目，但实际上公司对这些项目表现出了相对较小的兴趣。高层领导为了避免失败破坏他们的职业生涯，不会专注于这类工作，甚至不会帮助项目团队处理组织问题。

许多数据工程发现自己处于"（尚未）被认真对待"的阵营。对于不熟悉数据的人来说，这是可以理解的。但如果你已经从事此类工作三年或更长时间，那么本章很适合你！也许是时候做出决定了：扩大规模或将数据工程引导到细分角色中去。

与此同时，数据工程迫切需要领导力。事实上，根据田纳西大学的一项调查，只有 10% 的公司制定了某种类型的数据战略，更不用说与业务战略完全契合的数据战略了。最后，正如我反复指出的那样，"数据是一项团队活动"，在任何环境下，无论是具体项目、业务部门还是项目级别，如果没有有效的领导，任何团队都无法取得成功。

我做出这些观察的目的不是要做出评判。我只是尽可能地简单总结一下情况，以此作为前进道路的出发点。

我对高层领导表示部分同情。每一次数据成功都至少意味着有两次失败，而术语——从"云"到数据仓库、数据湖、数据驱动型文化——都是一团糟。最重要的是，我指出，任何个人、团队领导或经理都可以在没有高层领导帮助的情况下使用数据为团队的成功做出重要贡献。

但他们的努力也只能到此为止。当今的组织尤其不适合处理数据，因为组织使人们很难大规模地遵循"数据是一项团队活动"的理念。我在第 7 章和第 8 章中描述了许多具体问题和解决问题的方向。不幸的是，个人、团队领导者和管理者无法独自解决这些问题。这需要自上而下的领导，即需要公司最高层领导的直接参与。

那么，高层领导到底应该做什么呢？为了回答这个问题，本章提出了两项主要职责：

- 构建更好的数据组织。
- 让数据发挥作用。

无论成功还是失败，高层领导对这两项工作责无旁贷。更具体地说，公司的高层领导必须：

A．为数据构建更好的组织：

i．营造一种重视数据、拥抱数据、让每个人参与并促进团队合作的文化。毕竟，与其他因素一样，数据也是将公司凝聚在一起的重要因素。

ii．进行几项关键的聘用/任命，包括数据主管、数据科学之桥主管、通用语言主管，并将他们安排在正确的位置。在董事会中安排懂数据的人。

iii．帮助这些员工/被任命者建立组织的其余部分，从嵌入式数据管理人员网络开始，持续推进，直到每个人都明白他们如何能够做出贡献并且意识到必须做出贡献为止。

B．让数据发挥作用：

i．全力应对数据质量以提高当前绩效，其次提供投资资金来资助数据工程的其余部分，因为高质量的数据是使数据发挥作用的先决条件。

ii．将数据工程与业务优先级联系起来。

本章的其余部分将逐一进行讨论。

构建更好的数据组织

我不知道哪家公司对其想要创建的数据文化的特征进行了足够深入的思考。有些人甚至没有尝试，就公开承认他们将数据视为实际工作的"穷途末路"。其他人则混淆了数据和技术。还有一些人可能会幸福地宣称"数据是我们的一种资产"，而轻描淡写地忽略了两个残酷的事实。首先，大多数数据从未被使用过——很难看出它如何被计为资产，即使它符合严格的会计师的定义。其次，大量的数据被使用并不是一件好的事情——很难把它归类为负债以外的任何东西。有些数据可能确实符合资产的条件，但这一笼统的陈述让我们更难确定具体是哪类资产！最后，一些人鼓励他们的负责人"让数据驱动决策"，这就像今天还使用占卜板（Ouija）一样。这些都没有什么用。

也就是说，公司的数据文化确实很重要。正如我之前所解释的，与其他事物一样，数据将公司凝聚在一起，或将其撕裂。如果人们承认并尝试满足其他团队中数据客户的需求，那么人们和公司就会逐渐走到一起。如果他们不这样做，人们就会一步步退回到自己的孤岛中，从而使公司分崩离析。

高层领导应该扪心自问关于公司数据未来的四个问题，如图 9.1 所示：

赋能：数据将赋能给……	
有特殊技能的人	每一个人

共享：数据共享将……	
不值得大费周章——每个团队将独立工作	非常重要——我们所有人都将协同工作

新价值来源：数据……	
不值得特别关注	是获得持续价值的重要来源

质量：高质量数据将……	
不值得大费周章	成为最基本的要求

图9.1 数据在公司的未来中扮演的角色

1．数据应该赋能"多数人"（按照我的"让每个人都参与进来"的理念）还是"少数人"？也许应该是赋能一小群专业人士（就像今天通常的情况），还是介于两者之间？

2．数据是否应该被广泛共享，多元化的跨部门团队应该使用数据创造新的机会（按照我的"数据是一项团队活动"的理念）？还是每个团队应该倾向于自己的数据需求（就像今天的实际情况一样）？还是应该折中考虑？

3．数据，哪怕是部分数据，是否是一种新的、持续的价值来源（如果管理得当，数据可以成为一种资产）？还是不值得特别关注（它只是可以帮助人们完成工作的必要条件，就像一个光线充足的工作环境一样）？还是介于两者之间？

4．我们是否将高质量（可信、准确、相关等）数据视为基本条件？抑或认为不值得付出额外的努力？还是介于两者之间？

当以这种方式提出问题时，大多数人都会选择更接近图 9.1 右侧的四个选项，而不是左侧的那些选项。他们会意识到他们的选择偏好可能会更倾向于面向遥远的未来，这很好——文化变革是一个长期的命题。我很荣幸地看到这一切在我的几个客户身上发生，至少是部分发生。在这些情况下，行动比语言更有说服力。他们只是开始关注质量，更专业地管理数据，并使用更多的数据来推动他们的决策，一种新常态逐渐渗透到了文化中。

面对这些现实，高层领导应该仔细思考他们想要创造的文化，然后表现得好像文化已经浑然天成一样。认识到你和其他人一样是数据创建者和数据客户，承担起自己的责任，成为下属和同事的榜样。然后下一步构建起更好的数据组织。

选择图右侧的选项意味着让每个人都为数据质量工作做出贡献，从事小数据项目，学习利用更多数据来做出更好的决策，并为更大的工程做出贡献，让数据发挥作用。它需要构建一个高度联合的数据组织，正如我自始至终所论证的，亦如图 9.2（在第 3 章中首次提出）所建议的。

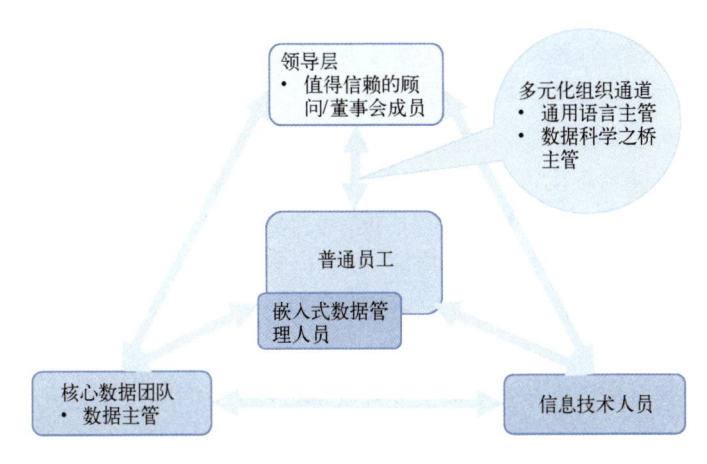

第 9 章 文化变革需志存高远，也应循序渐进

图 9.2 数据组织的关键组成部分：四个关键任命

但是，即使数据责任被下放，我也不会呼吁"无政府状态"。必须在政策中明确责任，并通过培训使人员完成既定的任务。因此，我也主张建立"多元化组织通道"，它可以将人们联系起来，使数据共享变得更加容易，让大家达成共识并更好地协同工作。

建立这样一个组织是高级管理层最重要的工作。这意味着要招聘/任命四名关键人员，并将他们安排在正确的位置。让我们从数据主管（Head of Data，HoD）开始。

公司正在使用各种头衔来担任此职位：首席数据官和首席分析官似乎是最常见的。这些头衔反映了不同的重点：首席数据官（CDO）注重掌握正确的基础知识，首席分析官（CAO）注重使用高级分析方法来改进业务。大多数公司都需要这两个角色，并且许多公司将这些角色合并到一个"首席数据分析官（CDAO）"中。

寻找像摩根士丹利从事财富管理的杰夫·麦克米伦和海湾银行的迈·阿尔瓦伊什这样的人。杰夫几十年前开始了他的数据职业生涯，这也是迈的第一个数据类的工作岗位。他们两个人具有三个共同特征：对数据的热情、高超的沟通技巧以及与他人合作的能力。我认为第三个特征被提及得不够多，但它很重要，因为要发挥作用，CDO 就必须与公司中的其他人互动。迈与人力资源部建立了良好的关系，人力资源部将她视为对整个银行至关重要的变革的领导者。

现在,数据主管应该向谁汇报工作?杰夫向负责财富管理业务的安迪·萨珀斯坦汇报;迈向副首席执行官拉古·梅农汇报。这都是绝佳的汇报关系。正如第 8 章所述,最糟糕的汇报关系是让你的数据主管向你的首席信息(技术)官汇报。数据和技术是不同类型的资产,混合管理会减慢两者的工作进展。如果你所在公司的 CDO 向 IT 部门汇报工作,那么请跳槽下一家更好的公司。

扩展阅读:数据主管最重要的工作

我建议数据主管(如果没有人拥有这一头衔,那么就是最资深的数据人员)的首要工作是"培训"。因为高级管理人员无论分析能力如何,他们都不可能对数据有充分的了解,所以无法有效提供所需的业务领导力。没有人比数据主管(可能还包括董事会成员)更能帮助他们了解挑战和机遇。

数据主管最重要的任务是"培训"(参阅扩展阅读:"培训注意事项")。接下来,数据主管必须从公司的每个部门/团队中招募一个由嵌入式数据管理人员组成的大型网络(如前所述,大约每 40 人中就有一名担任兼职角色),他们反过来又帮助每个人参与进来。实际上,高层领导必须帮助招募这些人,他们将继续向其业务部门汇报,同时作为扩展数据团队的成员发挥作用。最后,数据主管必须在推进公司业务战略的各领域建立卓越中心,包括数据质量、数据科学、隐私、安全等。

另外两项任命也尤为重要:通用语言主管和数据科学之桥主管。通用语言的概念听起来是如此神秘莫测且充满了技术性,以至于很难想象任何高层领导会愿意参与其中。但这种直觉是错误的,原因有以下三个:

1. 高级管理层对部门互动的方式负有全部责任,如果他们想要有效互动,那么通用语言至关重要。
2. 没有通用语言的代价很高。
3. 发现开发通用语言的机会并将其落实到位需要经验和判断力。

因此，高层领导需要任命一位高级别的经理，具有权威性和判断力，能够提出通用语言的需求，开发、权衡并在适当的情况下推销业务案例，设定方向，提供资源，将他人协调一致，并争取让其他人做出贡献。我称这个人为通用语言主管（Head of Common Language，HoCL）。他们可以是数据主管、战略主管，甚至可能是人力资源主管。大多数时候，这是一个兼职角色，但需要很强的判断力。因为开发通用语言是困难的，只有极其重要的问题才能证明这一点。一旦出现了一个令人信服的机会，它就会成为一个全职角色，并且有大量时间需要加班！

同样，虽然数据科学卓越中心的目标是颠覆业务流程，但这些流程的管理者旨在保持稳定——这两个目标从根本上是对立的。解决这一结构性障碍意味着你必须建立一座连接两者的"数据科学之桥"。领导它的人被称为数据科学之桥主管（Head of the Data Science Bridge，HoDSB）。根据与合著者罗杰·霍尔和迭戈·库宁的合作及早期经验，数据科学之桥主管应尽可能向管理链条的上游汇报。

最后，你需要一个了解数据的人来推动你走得更远、更快，在你评估选项时充当参谋，并帮助你预测和应对阻力。理想的候选人既有广阔的视野，也有在推进数据进程的艰苦斗争中留下的经验教训。两种可能的途径分别是寻找值得信赖的顾问或任命某人进入董事会。（注：非常显而易见，我有时就担任此职务。）

扩展阅读：培训注意事项

培训人员需要时间和金钱。有些人可能会抱怨这太过分了。我认为不会，特别是与人们不熟悉数据而无法做的事情的（未知）成本相比。嵌入式数据管理人员总共需要大约两天的培训。在海湾银行，嵌入式数据管理人员在六个月内参加了五次实践研讨会。普通员工的研讨会由人力资源主管负责提供。这些会议的核心概念对每个人都是一样的，还有定制的示例，即分支机构看到的示例与监管报告不同。我提出这个问题是因为不愿意参与的管理者会以"缺乏预算"为由。高层领导可能会决定为培训提供资金，以避免这种借口。

让数据发挥作用

向劣质数据宣战

事实证明,几乎每个人都有一个共同的经历——浪费宝贵的时间来纠正错误、处理不同的系统以及检查看起来不正确的数字。财务团队告诉我,他们花了四分之三的时间来核对报告,决策者不相信这些数字并指示他们的员工验证这些数字,而销售团队每天花几小时整理来自市场部门的线索。糟糕的数据是一个普遍存在的危险!

总成本是巨大的——占收入的 20%。所有这些整理工作也进展不顺利,因为大多数人都承认他们不信任这些数据。进一步的劣质数据会导致人们与数据渐行渐远,正如我所反对的那样。这些成本没有记录在会计系统中,而是隐藏在日复一日的工作中。

减少时间和金钱浪费的秘诀在于改变每个人的思维方式——从目前的"买方/使用者需谨慎"的心态转变为从一开始就正确创建数据。这样做的效果显著,因为找到并消除一个根本原因可以防止成千上万的未来错误,并避免了后续出现纠正这些错误的需求。当人们意识到自己既是数据的使用者又是数据的创建者时,改进就会迅速到来。随之而来的节约成本可达上述成本的四分之三,这种节约是巨大的。

因此,高层领导应该向劣质数据宣战。他们应该责成数据主管协调工作并利用嵌入式数据管理人员网络。这样做本身就很重要:更好的数据是消除挫败感的根本,并使所有流程更加顺畅。最后,节省下来的资金可以用作其余数据议程的投资资金。

建立数据和业务优先事项的联系

在我工作过的几乎每家公司中,我发现数据工作人员与高级管理层的业务优先事项之间存在很大脱节。太多数据人员追求"为了数据而数据",太多高管看不到数据和数据科学如何推动业务发展。数据工程的失败有什么奇怪的呢?

第 9 章 文化变革需志存高远，也应循序渐进

建立所需的联系需要将三个输入结合在一起，如图 9.3 所示：数据、业务优先事项和数据"价值模式"。图的中心是价值模式，即数据提高业务绩效的方式（参阅扩展阅读："数据价值模式"）。我们发现，业务和数据领导者都了解这些价值模式，并且可以将它们用作通用语言来协调各自的计划。特别是，它们可以促进规范的思维、聚焦关注范围并推动了正确的对话。

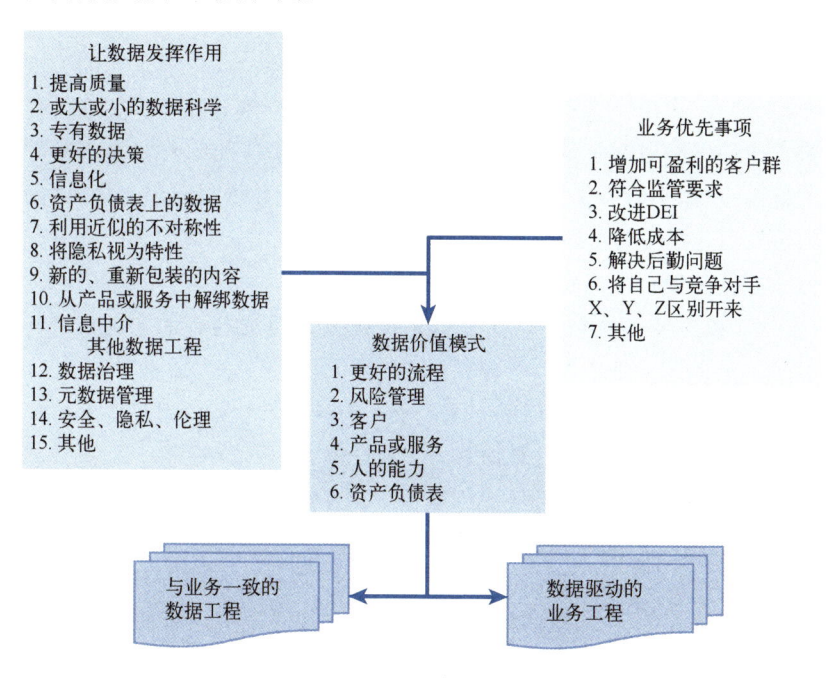

让数据发挥作用
1. 提高质量
2. 或大或小的数据科学
3. 专有数据
4. 更好的决策
5. 信息化
6. 资产负债表上的数据
7. 利用近似的不对称性
8. 将隐私视为特性
9. 新的、重新包装的内容
10. 从产品或服务中解绑数据
11. 信息中介

其他数据工程
12. 数据治理
13. 元数据管理
14. 安全、隐私、伦理
15. 其他

业务优先事项
1. 增加可盈利的客户群
2. 符合监管要求
3. 改进DEI
4. 降低成本
5. 解决后勤问题
6. 将自己与竞争对手 X、Y、Z区别开来
7. 其他

数据价值模式
1. 更好的流程
2. 风险管理
3. 客户
4. 产品或服务
5. 人的能力
6. 资产负债表

与业务一致的数据工程 ↔ 数据驱动的业务工程

图 9.3 将数据与业务战略连接起来

在图 9.3 中，可以通过数据和业务之间的价值模式来回往复来使数据工程与总体业务战略保持一致，同时考虑数据提供的新可能性。（注：虽然人们可能期望业务优先事项能够驱动数据工程，但重要的是还要考虑数据如何驱动业务优先事项。）例如，人工智能可能有助于改进许多决策流程。

但最重要的机会在哪里以及它们对公司有多重要呢？在癌症中心，聊天机器人可以让患者更轻松地安排预约和更新处方。这是有用

的。但更好的治疗方案决策更有价值。因此,聊天机器人可能被认为是"加分项",但是治疗过程则需要更多的关注。

质量也是如此。虽然我敦促高管们广泛关注质量,但是在某些领域,质量更具有战略重要性。例如,想要成为最了解客户的公司,可能需要世界一流的质量水平。同样,必须精打细算的公司可能也需要世界一流的质量,以便改进流程,尽可能消减与劣质数据相关的额外成本。

当高级业务人员和数据人员一起工作时,他们应该寻求新的方法使数据发挥作用,将更多、更好的数据纳入每个重要的业务战略、决策、流程以及资产负债表中。他们应该寻找"做大事"和"做小事"的机会。"做小事"是指在各处进行渐进式改进并增强组织力量,"做大事"则是指应对一些真正的重大挑战。

扩展阅读:数据价值模式

1. **改进业务流程**:以更好的方式和/或以更低的成本完成基本的运营、报告和管理工作。

2. **改善风险管理**:利用有关竞争对手的更好数据、满足监管机构的要求等,保护公司免受威胁。

3. **加深对客户的了解**:与客户建立更深入、更丰富的关系,以增强黏性和/或更好地定制产品和服务来满足他们的需求。

4. **开发新的和/或改进的产品和服务**:将数据构建到产品或服务中,使其更有价值。使用专有数据提供竞争对手无法比拟的产品。

5. **提高人们的能力**:帮助人们在工作中成长,从而让他们更快乐、更高效。更好的决策是一项重要的结果。

6. **改进资产负债表**:弄清楚如何将数据视为资产,因为它们在资产负债表上(这样大概会改善资产负债表)。

他们应该着重考虑"人的能力"的价值模式,这是本书的主要主题。由于现在很少有人这样做,这可能是使自己与他人区别开来并在竞争激烈的劳动力市场中创造优势资源的最简单方法。

高层领导还应特别考虑专有数据和"改进的产品和服务"价值模式。公司的竞争不是基于与其他公司的相似之处,恰恰相反,是基于与大众的不同之处。重要的是，每家公司的数据都是独一无二的，是潜在的、巨大的、尚未开发的新价值资源，利用你拥有的数据和其他公司没有的数据可能会带来独特的机会。

最重要的收获

- 最终，所有变革都是自上而下的，但总的来说，高层领导并没有选择参与数据工程。这种影响削弱了变革的力量。
- 高层领导在两个主要领域对数据工程责无旁贷：构建更好的数据组织，包括阐明他们想要创建的数据文化；建立业务优先级和数据优先级之间的联系。

第 10 章

企业迫切需要的数据团队

清晰的管理责任

在本书中，我试图非常清楚地说明谁负责哪些数据。我已经召集并明确了普通员工、技术团队、领导者、数据供应链经理、通用语言主管和数据科学之桥主管的责任。大多数人会发现这些职责是新的和陌生的。人们需要大量的指导、培训、支持和鼓励才能成功。日复一日地提供这种帮助的工作落在了数据团队的肩上。本章讨论了公司现在需要数据团队做什么、适合处于什么位置、应如何成长和改变。

这需要一些新的思考。因此，本章首先探讨指导数据团队设计的五个要素，包括其主要职责以及适合的位置，然后分析了领导者所需的特质。接下来，我们将深入探讨三个关键方向，这些方向在公司现在所需的数据团队中刚刚开始付诸实践。最后，作为本章的结尾，我们将讨论海湾银行第一年如何将这些想法付诸实践。

指导数据团队设计的五个要素

完成工作

在《你对首席数据官要求太多了吗？》一书中，达文波特（Davenport）和比恩（Bean）列举了首席数据官的七种角色。他们主要担心的是首

席数据官被寄予不合理的期望,这可能导致该职位的高失败率。同时,他们承认必须有人来做这些艰巨的工作:

1. 首席数据官/首席分析官/首席数据分析官:监督数据管理、数据科学和数据分析。
2. 数据创业者:将数据货币化。
3. 数据开发人员:开发关键应用程序和/或基础设施功能(如数据仓库、数据湖)。
4. 数据卫士:保护数据防止泄露,保护数据免受黑客入侵,与监管机构打交道。
5. 数据架构师:确保关键数据经过组织、聚合、清洗并且随时可用。
6. 数据监管者:确保对数据进行适当的监督。
7. 数据伦理专家:制定并执行规定,确定数据如何收集、保持安全、共享和控制。

重要的是,比恩和达文波特并没有将"领导质量计划"列入他们的清单中。尽管这对于其他方面的成功至关重要,这反映出大多数公司尚未开展这项工作。我建议将其作为第八个"必备项":

8. 数据质量的领导者:领导管理和提高数据质量的工作。

让每个人都参与进来

本书的大部分内容都呼吁普通员工从数据中看到自己的机会,并为自己创造更好的工作机会。我希望企业能够鼓励他们这样做。但无论他们是否这样做,本书都指出,没有他们的参与,数据工程就无法成功。特别是,普通员工必须承担关键角色,作为数据创建者和使用者、作为"小型"数据科学家、作为公司数据资产的守护者、作为更大数据工程的贡献者和更好的决策者。让他们迅速跟上步伐是一项必要且重要的工作,也是数据团队的第九项任务:

9. 数据培训师:为普通员工提供培训,让他们了解自己在数据方面的角色和责任,并帮助他们在这些角色中取得成功。

冒着重复乏味的风险,我要说的是,管理者和高层领导也是普通员工。他们比其他人需要更多的培训和支持。所以,"向组织高层提供培训"就显得尤为重要（如前所述，在我看来，这是头衔中带有"数据"字样的最高级别人员最重要的工作之一）。

略有不同的是，大多数公司欣然接受：每个人都必须遵守隐私政策，成为更好的决策者，并在需要时帮助他人。但是，正如第 7 章中所讨论的，"普通员工既是数据客户又是数据创建者"的观念完全是另一回事。这显然是正确的，而且一旦指出，这一点也是显而易见的。它也是变革性的，因为它改变了预期和关系。它为人们分配了以前从未有过的责任。在较小程度上，每个人都是"小数据科学家"的想法也是变革性的。一些小组（可能是数据团队）必须领导和指导这种变革。因此，数据团队的第十项任务是：

10. 数据变革者：引领变革。

数据是一项团队活动

我一再强调，有效地处理数据需要非凡程度的合作，远远超过当今大多数公司所表现出的合作程度。首先，数据创建者和用户必须共同努力提高质量；越来越多的人必须共同致力于越来越大的数据项目；相对较大的组织必须共同努力建立通用语言，并在复杂的供应链中进行合作。人们必须弥合孤岛，建立通用语言，并共同努力，即使他们之间的紧张关系是被设计好的。这也需要转变，强化上述观点。

其次，值得一提的是，好的数据工程是繁杂的，人员和团队飞向一千个不同的目标。强有力的、自上而下的控制的想法与让普通员工在学习和习惯新角色时放松的状态是截然相反的。必须有人将所有事情整合在一起，引导事情朝着大致正确的方向发展，评估进展情况，最重要的是，确保一定程度的协调。我可能会忍不住说"排练"这个动作，就好像一群不熟练的音乐家以某种方式聚集在一起演奏一首伟大的交响乐。我希望随着个人玩家能力的提高和对数据的管理更加纯熟，公司确实可以"排练"其数据工程。现在，我们的目标是协作：

11. 数据工程协调人：召集合适的人员，鼓励他们一起工作，并帮助他们这样做。

业务优先事项

推动数据议程的最后一件事是不要在没有将其与业务优先事项充分结合的情况下制订计划。最重要的是,公司应当组建数据团队,并将其安置在有助于推进这些业务优先事项的位置上。这其中存在一个"先有鸡还是先有蛋"的问题——业务团队在不了解数据能为他们带来什么之前很难设定优先事项,而在数据团队到位并展示数据的作用之前,他们也难以看到数据的价值。所有相关人员都必须在这一问题的背景下尽力而为。

E 和 F 因素

尽管我不知道如何量化,但我发现一些数据工作比其他工作走得更远、更快。人们可以勾选方框——领导力☑,明确的目标☑,人们知道他们应该做什么☑,合适的人参与其中☑。尽管如此,一些项目进展得更快,更有信心,也更容易克服障碍。有些计划具有更大的影响力并产生更广泛、更深入、更持久的效果。

尽管我的分析只是基于轶事,但我将这些成功归功于"赋能"和"乐趣",即 E 和 F 因素。简而言之,人们感到自己被赋予了力量。他们想让老板随时了解情况,但不想每件小事都跑去征求许可。他们努力与人们互动、做出决定、加倍努力。当然,没有人愿意犯错误,但人们知道他们的数据项目正在进入未知领域,错误是不可避免的。他们觉得自己有能力承认错误并从中汲取教训。

乐趣也是如此。掌控你的工作和生活、学习新事物、让事情变得更好会使你兴致盎然。你几乎总是可以判断数据工程或项目是否进展顺利,因为人们很愉快。当然不是天天如此,也会有很多挫折。但总的来说,工作还是很愉快的。

这让我添加了第 12 个也是最后一个角色。这个角色的设计原则是:赋予人们权力并让工作变得有趣。

12. 数据啦啦队:帮助人们提升能量,让工作变得有趣。

显然,有许多强有力的标准可以指导数据团队的组成、安置和领导。引导我们用一些不同的方式来思考员工和数据团队的地位。我们不会过多讨论他们如何工作，因为那可能会占用大量的篇幅。

向建立更高效的数据团队迈进

作为初出茅庐的"菜鸟"，在数据科学、战略、治理和保护团队方面必须树立自己的地位。很自然，他们选择了可以自己解决的问题。质量团队专注于数据清洗，数据科学团队专注于有大量数据的领域，隐私团队专注于制定满足一般数据保护和其他法规所需的政策。虽然可以理解，但这种内部关注排除了普通员工，这与上述许多因素相悖。

因此，数据团队必须重新定位工作方向。他们必须：

- 每天与普通员工互动。
- 培养他们对待问题和机会的感觉。
- 拥抱他们对数据的希望并直面恐惧。
- 减少对大数据的关注，更多关注为人们提供定制的和解决自身问题所需的工具。

简而言之，数据团队的乐趣应当源于业务成果的实现，或是为所服务的人赋能的过程，而非打造精妙的模型本身。

这一点通过数据质量最容易看出。自然而然，第一步是落实数据质量工具，以帮助更快地清洗数据。它可以产生立竿见影的效果，而且这种方法有一定的逻辑性——公司将花更少的时间清洗数据。但这是一个坏主意，因为它没有抓住错误的根本原因，所以清洗工作永远不会结束。相反，企业应该明确业务部门对自己的数据质量的责任，必须找到并消除错误的根本原因。唯有依靠普通员工的努力，才能实现这一目标。

对于数据质量团队来说，这意味着将他们的角色从完成工作转变为帮助普通员工解决工作中"处理日常数据问题"的部分。

在数据团队中引起共鸣的主题是从"由内而外"到"由外而内"视角的转变。针对战略问题、针对小数据、针对根除质量问题以及针对赋能，这种视角转变促使人员重新进行部署。这意味着更多的培训、日复一日的帮助和指导，技术工作少了，影响却更大。这对于公司来说令人兴奋，对于数据专业人士来说既兴奋又害怕。

图 10.1 展示了公司现在所需的广义的数据团队的三个关键特征。

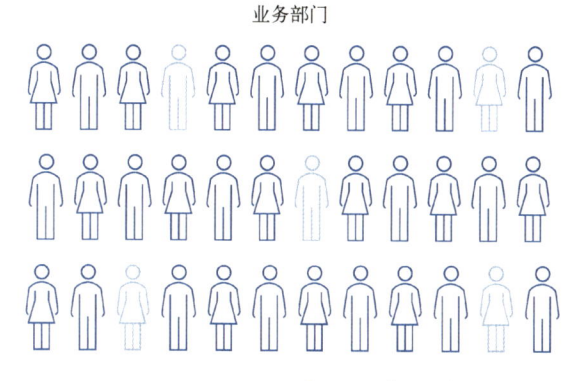

图 10.1　广义的数据团队

第一，由数据专业人士组成小型的强大团队（灰色阴影部分），每个人都拥有指导数据质量或数据科学等特定领域工作的专业知识。尽管如此，数据专业人士（如头衔中包含"数据"字样的人）的数量相对于普通员工的数量仍然很少。

第二，嵌入式数据管理人员的网络（灰色轮廓部分）有效解决了这一问题。嵌入式数据管理人员也可以称为形象大使（如海湾银行）、责任人（如雪佛龙）、破局者（见第 4 章）、数据爱好者、本地倡导者、榜样，甚至公民数据科学家。他们可能没有任何头衔，只是更加注重量化，对提高团队绩效更感兴趣，或者对让自己扬名更感兴趣，并主动帮助他人，在工作团队中推送数据。

第三，团队领导者（黑色部分）有勇气让他们的团队走出去。

因此，广义的数据团队由数据团队成员、领导者和嵌入式数据管理人员组成，以便所有普通员工都能够与广义数据团队成员联系，并有望为数据工程做出贡献。

以下各小节依次论述。我不会讨论每个数据团队"如何"开展工作，因为这需要大量的篇幅。

小而精悍、切合实际的核心团队

这五个要素的量级和规模清楚地表明，在许多不同的领域还有很多工作要做。公司需要大量具有各种专业知识的团队。他们到底需要什么取决于他们的业务优先级。除了一些必要的人员工作外，数据团队的报告应尽可能贴近实际行动。我发现小而精悍的团队成效最好，即便技术纯熟的专业人士确实紧缺。在这里，"小"是相对的。数据团队可能由一个人组成，甚至是小公司的一个人的一部分工作内容。大公司需要更大的团队。在大公司中，规模更大、数据更密集的业务单元和部门可能拥有更切合实际的数据团队。

首先，公司需要一个数据管理团队来组织数据、存储数据、移动数据、处理数据并将其集成在一起，就像以前一样。该数据管理团队可以且可能应该向 IT 部门或首席数据官汇报。

公司还需要安全团队来防止黑客窃取其数据，并需要隐私团队来确保自己不会不当地使用数据。在许多国家，出于安全和隐私考虑，公司必须任命一名"保护官"，尽管隐私和安全是两件不同的事情。鉴于潜在风险，许多保护官向法务部门汇报，在我看来，这意味着错失了机会。如第 6 章所述，我将隐私和隐私政策视为一项特性和潜在的优势来源。如果保护官和隐私团队向营销或产品开发部门汇报，情况可能会更好。

接下来，几乎所有公司都需要一支在数据质量方面具有深厚专业知识和经验的团队。数据质量团队必须进行一定的事务工作以管理整个计划。以这种身份，他们需要引进并调整所使用的路径、方法和工具，维护总体记分卡，让高层领导及时了解进展情况，并不断推动这项工作。然而，他们大部分时间应该花在与嵌入式数据管理人员和普通员工的合作上，通过提供培训使他们成为更好的数据创建者和数据客户，并帮助他们完成工作。管理数据供应链的人很可能是普通员工，他们经常需要质量专业人员的特别协助。负责监控通用语言需求的高管也是如此，应指派一名非常资深的质量专业人员来负责这项工作。

这在很大程度上取决于组建恰当的数据质量团队。正如我自始至终所说的那样，当数据很糟糕时，做任何事情都会变得更加困难。

现在考虑一下数据科学，数据科学团队的潜力空间是巨大的。在这个空间的一端，许多公司正在探索大数据、高级分析和人工智能。这是有道理的，因为这些技能和技术提供了解决问题的机会，并且它们提供了从重复决策过程中降低成本的机会，这些机会用传统方法都无法获得。但大数据、高级分析、人工智能项目和工程的实现极其困难。人们很容易分心，数据质量可能是一个真正的问题，而实施也带来了真正的挑战。追求这些目标的公司需要某种"人工智能卓越中心"或"数据科学实验室"，在很大程度上与日常问题隔离开来。他们还需要一个数据科学之桥，如第 7 章所述。

除了这种兴奋之外，大多数公司应该将大部分数据科学工作花在潜力空间的规模和精细度的另一端，重点关注小数据。如前所述，它们充满了可以用小团队、少量数据在短时间内解决的问题，并且成功的可能性很高。许多人都知道这一点。我有时会问公司："你更愿意拥有哪一个：一名新晋的博士数据科学家还是 20 名能够帮助普通员工在当前工作中进行基本分析的人？"几乎所有人都选择了后者。小数据团队的工作方式与数据质量团队的工作方式非常相似，一些公司甚至将两者结合起来。有一定的工作量，但更多的是培训和帮助。

与必须远离日复一日工作喧嚣的卓越数据科学中心相比，小数据科学团队旨在拥抱这种喧嚣。因此，它们应该尽可能靠近实际工作。

还有许多在潜力空间"居中"的问题。例如，复杂的模型可能需要专业数据科学家进行大量维护，一次性问题可能会促使整个公司组建一个临时项目团队，或者某个问题可能具有战略重要性。处理此类问题的团队，无论是在项目还是工程层面，都必须在以下两项权衡中找到平衡：如果他们过于深入，就可能会迷失在烦琐的日常工作中；如果他们离得太远，就无法调动成功所需的全体人员。

最后，公司最高级的数据人员承担着两项特殊职责：

- 对高级管理层进行培训，让他们了解数据的潜力、面临的挑战以及他们应扮演的角色。
- 确保整体数据工程能够应对公司最重要的问题和面临的机遇。

我使用"治理"一词来表达"监督"这种含义（注：在过去 10 年左右的时间里，"治理"一词已经获得了更广泛的含义。在这里，我仅使用数据治理来表示"监督"的含义。）

嵌入式数据管理人员，更靠近普通员工

我注意到，与公司其他部门的规模相比，数据团队规模很小，认为他们（数据团队）与足够多的普通员工建立联系就可以产生真正的影响，这种想法是荒谬的。因此，嵌入式数据管理人员有效地解决了这一问题。这些人向他们的业务团队汇报，因为关系足够密切，所以可以日复一日地帮助普通员工。

初步估计，每个部门每 40 人应该配备一名兼职的嵌入式数据管理人员，尽管我预计该比例会有很大的差异——使用更多数据的团队很可能需要更多的数据管理人员。需要明确的是，尽管数据管理人员与数据团队之间的关系是虚线汇报关系，但他们的实线报告关系是在业务部门。首先，他们是业务人员，主要对他们所属部门的事务及目标负责。

他们的职责包括：

- 在团队内领导数据和数据质量工作。这意味着帮助普通员工扮演数据客户和数据创建者的角色并完成小数据项目，这是两个重要的例子。
- 帮助普通员工了解他们在大型数据科学项目中所扮演的角色。
- 帮助其他嵌入式数据管理人员建立所需的连接。例如，数据客户可能需要帮助找到上游三个部门的数据创建者。或者，嵌入式数据管理人员可以在数据供应链管理团队中代表他们的部门。
- 作为推动这一理念的"先锋"，强调公司数据和其他任何东西一样，是将公司凝聚在一起的纽带。每个人都必须参与其中，并且必须与他人合作。

- 确保每个人都了解隐私和安全政策，并在实施过程中遇到任何问题时向他们提供帮助。
- 代表其部门努力建立、发布和维护通用语言。

庄重的领导者

多年来，我为许多杰出的数据团队领导者提供过建议，并且目睹了更多的领导实践。我也见过很多失败的案例。有些人犯了错误，陷入了糟糕的境地，另一些人高估了自己所能取得的成就，还有一些人犯了内向型思维的错误。他们可能提出了一些很好的想法，但未能付诸实施。

也许没有一个管理主题像领导力一样受到如此多的研究，所有这些研究都适用于数据领导者。在此，我仅提供一些额外的观察意见。

首先，优秀的数据领导者有一个更简单、更好的理念，并且他们能够清晰、频繁地传达这一理念。客观上，从根源上解决数据错误的问题，比在公司的某个部门犯错误而另一部门纠正错误更简单、更有效。这只是一个更好的理念，即使这确实意味着普通员工必须承担起数据客户和数据创建者的角色。

另外，经常清晰地传递这一理念也同样重要。领导者有一种诀窍，可以让人们看到更好的方式，不会因为以前没有看到它而受到责难。

杰出的数据领导者都非常冷静。他们清楚地知道自己希望实现的目标有多么困难，并且充分意识到团队和自身的优势和局限性。优秀的数据领导者会小心谨慎，不要让自己和团队过度扩张，而是倾向于从一个成功走向下一个成功。尽管我从未听到有人说过"数据是一项团队活动"，但他们似乎本能地理解这个概念。因此，他们会争取支持，吸引大量的业务人员，并花时间理解他们的观点。他们在需要帮助时不会犹豫，既会向同级同事寻求支持，也会向上级请求帮助。虽然他们对团队的成功负有巨大的责任，但他们在分享荣誉时非常谦逊。

杰出的数据团队领导者是坚韧不拔的，有时甚至是固执的。即使是最成功的数据工程也会经历大量的失败。杰出的数据领导者会牢记他们的长期目标，将失败视为学习更多知识的机会。

最后，他们是坚定不移的，甚至是无可救药的乐观主义者。他们的乐观态度使周围充满了欢乐，并有助于吸引那些具有积极进取心态的人加入他们的团队和事业。

案例分析：海湾银行数据团队的第一年

海湾银行（Gulf Bank）数据工程的第一年，展示了这样的情形：如果数据团队将获得的指导与其所处环境相适应，公司应该对数据团队有何期望，以及数据团队对自己有什么样的预期。（注：全面披露——我在这一年期间为海湾银行提供了咨询服务。）海湾银行总部位于科威特市，是一家面向消费者和商业客户的银行，拥有 2,000 名员工，在全国范围内运营着大约 50 家分行。

这个故事从聘请其第一位首席数据官迈·阿尔瓦伊什开始。她在银行、电子商务和数据咨询方面的经验都汇聚在了这个新增的职位上，用她的话说，"这是一个令人兴奋的挑战"。

阿尔瓦伊什向副首席执行官拉古南丹·梅农（Raghunandan Menon）汇报工作，后者是一位经验丰富的银行业资深人士，他非常清楚数据工程的高失败率。他的第一条指示是，"首先要把基础打好"。这个建议至关重要。太多的数据工程都背负着"快速获胜"的要求。虽然这种情绪是可以理解的，但它往往也是无法实现的——真正的胜利是艰难的，而且往往会导致不切实际的期望。

阿尔瓦伊什认为数据质量至关重要，并将其列为首要任务。做出这个决定的理由并非显而易见，因为海湾银行正在对其核心系统进行升级。与此相比，解决相关数据问题（如通用语言）似乎并非第一要务。但她决定先获得一些经验和信誉。因此，她向高级管理层报告了她的担忧和决定。她没有遇到任何阻力，继续推进数据质量工作。

她的下一步是培养必要的组织能力。这意味着建立她自己的小团队并建立嵌入式数据管理人员网络，她称之为"形象大使"。她任命了一些关键的内部员工，其中包括萨贝克卡·阿尔拉希德（Sabeeka AlRashed），他之前在海湾银行财政部担任职务。她立即意识到"数据客户"和"数据创造者"的概念将具有变革性。阿尔拉希德负责创建数据质量课程，该课程首先针对形象大使，作为阿尔瓦伊什数据培养计划的一部分,然后针对银行中的每个人。呼叫中心的数据分析师福赞·阿尔苏迈特(Fouzan AlSumait)对数据充满热情,他负责在转型过程中培训数据形象大使。他们认为最好的方法是为团队提供面对面的互动培训,以便形象大使能够更好地理解他们将面临的挑战。阿尔瓦伊什从外部聘请的奥斯·艾尔安萨里(Aws AlAnsari)承担了帮助形象大使制定数据质量基线的工作。

在此过程中,阿尔瓦伊什和阿尔苏迈特将"小数据"加入了他们的工作范围。他们知道大量流程和报告需要改进,并期望他们的形象大使通过嵌入式数据管理人员网络能够同时处理这两个问题。"将生成数据的流程处理好,然后巩固成果"是他们的思路。

阿尔瓦伊什要求海湾银行管理委员会成员提名形象大使。她向管理委员会建议:"先选好合适的人,再考虑技术。"她最初的目标是40人,但管理委员会提名了140多人!这是个好消息,但这意味着她的小团队需要支持三倍于预期的人数!

到了年中,阿尔瓦伊什既兴奋又紧张。她有形象大使,正在开发五门课程,并吸引了优秀的人才加入她的团队。但这一切能否顺利推进?她在第一次培训进行约一小时后信心大增!形象大使们立即对她和她的团队提出的想法产生了兴趣,尽管其中许多人曾公开表示怀疑。他们接受并完成了旨在增强动力的"重返工作岗位"任务。第二项任务要求形象大使带领其业务团队进行数据质量测量(由于科威特人周日至周四工作,周五下午测量在科威特被称为"周四上午测量"),这使得阿尔瓦伊什的团队能够建立强大的数据质量基线数。这激发了全公司的改进动力。

阿尔瓦伊什和她的团队通过各种方式不断进行沟通。他们为数据形象大使计划创建了徽标,并为形象大使提供了品牌笔记本和其他纪念品。他们的目标是让工作变得有趣,让每个人都能全身心地投入其中。

很自然,海湾银行的数据工程在启动时遇到了挑战。但它也拥有强大的支持者。人力资源主管萨尔玛·阿尔哈贾吉(Salma AlHajjaj)以多种方式提供协助,公司事务主管达里·阿尔巴达尔(Dari AlBader)帮助阿尔瓦伊什的团队有力地传播了他们的信息。首席执行官安托万·达赫（Antoine Daher）适时出面表达了他的支持。最后，作为她的上司，梅农在幕后努力争取资源，并推动数据和数据质量的工作。

当然还有其他问题。阿尔瓦伊什和她的团队根据需要进行了调整。他们阅读、学习并勇于尝试新鲜事物。最重要的是，他们承认自己是初学者。但他们的热情很有感染力！

在她上任一周年之际，阿尔瓦伊什坦言海湾银行的数据之旅才刚刚开始。虽然基础工作已经逐渐成形，但"数据"还没有完全形成主流，文化转型仍处于早期阶段，利用数据赋能海湾银行的战略工作尚未开始。实现这些战略所需的通用语言工作依然是关键路径上的重要任务。尽管如此，他们已经有了一定的进展。高层领导开始逐步接受，一个专注且走在正确轨道上的数据团队逐渐成形，形象大使的网络也在逐步建立。所有参与其中的人都有理由为自己的努力感到自豪。

我认为，海湾银行的经验对于各种规模的公司和政府机构来说都具有借鉴意义。大型公司和政府机构可能会抱怨海湾银行规模太小，而规模较小的公司则可能认为海湾银行的规模太大，不具备可参考的经验教训。但数据工程必须建立起来，才能包容普通员工。如果你的公司规模较小，你可能只需要一个小数据团队，最多配备几名嵌入式数据管理人员。如果你的公司规模较大，你可能需要在每个业务单元中设立数据团队，由企业总部进行协调。但这些工作和关系是递归的，意味着它们可以根据需要扩大或缩小。

最重要的收获

- 五个要素有助于确定公司现在所需的核心数据团队的组成和定位：
  - 完成工作（从日复一日的数据管理到质量，再到管理数据科学团队）。
  - 让每个人都参与进来，培训员工履行新职责，并帮助公司转型。
  - 数据是一项团队活动，意味着数据供应链、通用语言、数据科学之桥和变革管理的建立和持续运行。

- 业务优先事项。将数据和业务优先级协调一致至关重要。
  - 赋能和乐趣。
- 就像足球比赛一样,数据是一项团队活动。在这个类比中:
  - 普通员工就是球员。
  - 高层领导是球队所有者和总经理。
  - 数据团队是教练和助理教练。
  - 嵌入式数据管理人员是现场队长。
- 小型、贴近实际的专业数据团队效果最佳。
- 嵌入式数据管理人员扩展了数据团队的边界。

结语：

需要勇气

信息技术集群还不够完善

最后，我将从历史角度给出数据和建议。约瑟夫·熊彼特在对经济颠覆理论的研究中，注意到技术以"集群"的形式出现。因此，伴随电气化技术的出现，发电机、发电厂、电力开关装置和配电系统技术相继问世。随着汽车技术的出现，装配生产线、公路系统、炼油厂和交通控制技术也应运而生。过去一代出现的信息技术集群确实令人印象深刻，譬如计算能力、人工智能、云和区块链等领域的增长尤为显著。但是，我们尚未看到这些技术所期望带来的巨大经济增长，似乎还缺少了什么关键要素。

我认为高质量、可信的数据正是缺失的要素。如果数据质量低劣，我们就不需要先进的技术——它们只会让事情变得更糟！相反，仅靠数据自身也无法产生技术与数据结合所能带来的广泛影响。换句话说，目前 IT 集群中缺少了关键的"信息（数据）"要素。

打个比方，一项令人印象深刻的技术集群预示着电动汽车发展的巨大机遇。然而，电动汽车的广泛普及却因为该技术集群的一个关键组成部分，即汽车充电桩的发展滞后而受到了阻碍。

目前，公司对技术的重视远远超过了高质量数据，如果熊彼特的观点是正确的，那么二者迟早必须齐头并进。情况非常矛盾。没有人怀疑数据的巨大价值，甚至认为数据可能比技术更有价值。但技术吸引了人们对集群的大部分注意力。如果您愿意的话，现在是时候更好地平衡二者了，建立一个融合数据和信息技术（D-IT）的集群。

需要组织创新

技术集群优势的成果实现首先需要进行组织创新。电气化就是一个绝佳的例子。以前，工厂由蒸汽机驱动，并通过一套滑轮传动系统为机器提供动力。整个系统既复杂又独特，以其自有的方式展现出优雅美。

电力和电动机能够单独为每台机器提供动力，具有诸多优势。但这需要对工厂进行重新设计，然而当时的建筑师对电力的了解是一片空白。电力还伴随一个巨大的负面特征——若误触带电电线可能致命！经过 40 年在多个生产领域的学习、实验和投资后，工厂才实现全面电气化。那些无法做出这类必要调整的工厂就遭受了损失。

我们在数据方面也处于类似情况。显然，数据的力量是强大的，但公司还没有清晰地准备好如何让其发挥作用。他们甚至无法让公司某个部门持续创建高质量的数据，来供给其他部门使用。此外，劣质数据、错误信息和误导性分析都极具危险性。在我们建立起更适应数据的组织之前，整个 D-IT 集群将会面临崩溃的风险，进而阻碍公司发展。

人员脱颖而出

新的集群和人员必须找到彼此相互适应协同的方法。人（至少是其中一些人）抵制新技术是很自然的现象。随着技术变得更容易使用，这种阻力也会减弱。标准电源插座和插头无疑让电力的使用更加便捷。在理想情况下，这些技术会变得几乎无形。经过一些培训和练习后，大多数人在大多数时候甚至都不会意识到自己正在开车。有时，人们需要做出很大的调整。例如，从农场来到工厂的新工人，必须将工作日的开工时间从鸡鸣声调整为工厂哨声。

这是一个重要的主题。迟早，技术集群必须接纳每一个人，并且多数人也必须接纳技术集群。本书的中心主题是，对于数据领域来说，这种全面的接纳和融合尚未实现。好消息是普通员工喜欢数据工作！

扩展阅读：印刷术和信息传播

更好的类比可能是印刷术，它也许是过去 2000 年来最重要的信息技术。古腾堡印刷机固然备受瞩目，但其他技术，例如制造廉价纸张和墨水的工艺，对该技术集群而言也是不可或缺的。

然而，这只是故事的开端。印刷术发明之初，经典著作和圣经在书籍领域占据主导地位。新的主题（如马基雅维利的《君主论》）历经近两代人的时间才逐渐崭露头角，进一步推动了印刷技术集群的发展。同样，出版业也经历了两代人的努力才得以兴起，并带来了必要的组织创新。至于第三个要素，即提高识字人数，在世界大部分地区已经基本完成。

这与今天的情况有着惊人的相似之处！当今的信息技术确实令人印象深刻。现在，是时候关注接下来的事情了——高质量的数据、适应数据的更好组织和普通员工。

前方道路充满挑战

我已竭尽全力来诊断问题所在，其中包括各个层级缺乏专职于数据工作的人员、阻碍重重的数据孤岛、对数据和技术角色之间或割裂或重叠的普遍困惑、缺乏真正的数据共享、领导层的置身事外，以及声称重视数据但实际上并不重视数据的组织文化。我还尽力提出解决这些问题所需的创新举措和解决方案。需要明确的是，这些皆为组织问题，必须由人、管理者和领导者解决，而不是技术。

正如我已经指出的，实施这些创新并不容易。如同以往技术集群的相关技术一样，掌握它们将需要大量的实验、学习和投资。这些创新将极具颠覆性，且会遭遇诸多失败。

我还注意到，"业务工厂"主动抵制来自"数据科学实验室"的新想法。公司看重生产经营的稳定性和可预测性，可能乐意做出小的改变,但不愿意实施实验室提出的重大创新。考虑以下双重概念:普通员工处于组织结构图的中心,而公司应该将数据视为为员工赋能。那些习惯于命令和控制式层次管理结构的公司领导会即刻反对,认为这一切都是倒退的。公司雇用员工是为了满足公司生产需求,而不是给他们赋能。唯有开明的领导才会看到,在数据领域,员工赋能和公司的成功相辅相成。因此,我预计这些想法将遇到相当大的阻力。

这几个想法的阻力令我尤为震惊。考虑一下,对于普通员工既是"数据创建者"又是"数据客户"的概念,我着实看不到有任何争议之处。显然,所有人(绝大多数)都承担着这些角色。提议他们成为优秀的数据创建者和使用者,难道不合理吗?同样,数据在整个公司以复杂的方式流动也是显而易见的事实。尤其考虑到实物商品的供应链管理已被证明是多么成功,难道管理这些数据供应链不合理吗?

我依旧预计,阻力会以数据工作延迟的形式出现。毕竟,人们很容易认为新产品发布、重组、监管需求或收购比数据更重要。一次又一次,周而复始。

如果以史为鉴,从长远来看,拖延和抵抗都是徒劳的。即使你的公司正处在行业领先地位,迟早一些竞争对手或新入局者会全然拥抱数据,基于数据进行前述的各类变革,并获得一定程度的竞争优势。不与时俱进者必遭苦果,这是铁定的事实!

恐惧感加剧了这种抵制。我虽然从来没有听过有人在商业环境中说过"我害怕",但你可以从人们的语气中听闻恐惧,从他们的眼神中望见恐惧,从他们的困惑中感受到恐惧。坦率地说,我认为大多数人和公司都很明智,会感到害怕。变革即将到来,调整你的管理体系以发挥数据优势必将极具颠覆性。

这让我重拾勇气。幸运的是,对于那些有足够勇气去寻求和追求变革的人来说,变革也孕育着机遇,并且很可能带来丰厚回报。最重要的是,释放数据的潜力需要足够的勇气。

所以,事物有始有终、任重而道远。同仁们,一起奋斗吧!

资源中心 1：

工具包

精选工具：帮助你入门的"操作方法"

内容

- 工具 A：力场分析——如何进行力场分析
- 工具 B：客户需求分析——如何成为优秀的数据客户
- 工具 C：周五下午测量——如何确定数据质量基线
- 工具 D：如何完成小数据科学项目
- 工具 E：伟大决策者的特征——如何成为更好的决策者
- 工具 F：如何建立和管理数据供应链
- 工具 G：如何在企业层面管理数据科学
- 工具 H：如何评估是否能够成功开发并传播通用语言

工具 A：力场分析——如何进行力场分析

力场分析 (Force Field Analysis，FFA) 是一种强大的工具，能够帮助个人和组织直观展现其在复杂、多因素环境中的现状。当前状态反映了助力产生预期结果的驱动力和导致不良结果的约束力两者间的平衡。力场分析提供一种梳理此类问题的方法，更重要的是，有助于指导制定决策。如果你有事情要改进，有以下三种选择：

- 你可以强化和/或增加驱动力。

- 你可以削弱和/或减少约束力。
- 你可以将约束力转化为驱动力。

该工具利用我最近研究中的问题集和分析,演示了如何创建你自己的力场分析。

第1步:确定感兴趣的主题

在一张纸或白板的中心画一条水平线(你也可以使用斯隆管理评论提供的下载文件)。该中心水平线将代表你感兴趣的主题。线上方区域标为约束力,线下方区域标为驱动力。

在纸或白板中感兴趣的主题线上、下方各添加五条水平标记线,它们用于代表约束力和驱动力的强度(见图 A.1)。

图 A.1 数据科学的影响(1)

随后定义感兴趣的主题。在这个例子中,我使用了"数据科学的业务影响"这一主题。请注意,力场分析非常灵活,可以适用于多种技术、组织和社会主题。

第2步:头脑风暴列出驱动力和约束力

驱动力位于中心线下方并向上支撑助力我们选定的主题,约束力位于中心线上方并向下按压阻碍兴趣主题的进展。

考虑每种力的相对强度很有帮助。在此示例中，我使用等级 1~5（1 表示最弱，5 表示最强）来评估。

在图 A.2 中，我分别使用一个驱动力和约束力来演示这些概念。

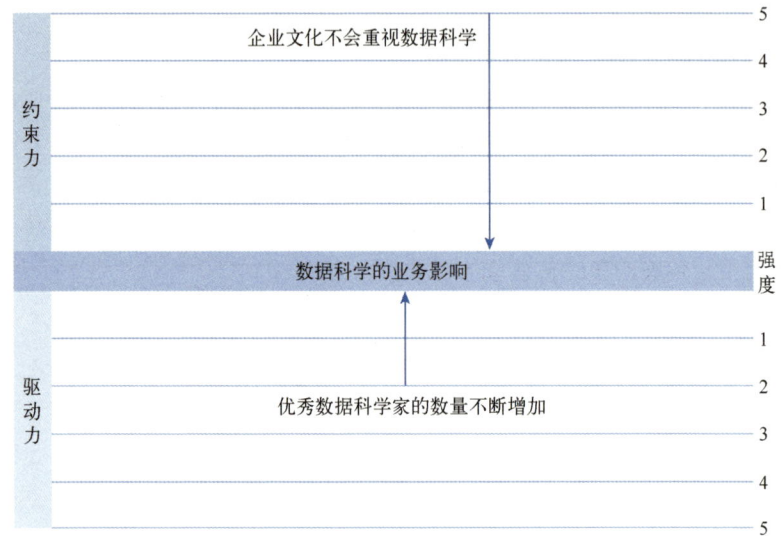

图 A.2　数据科学的影响（2）

开发力场分析是一项伟大的团队活动，需要集思广益并尽可能地获得更多的输入建议。

常用的有效方法是首先列出主题的主要子分类，然后深入梳理与每个分类相关的力。在此示例中，我们从下面六大类来搜索与数据科学影响相关的力：外部因素、数据质量、数据货币化、内部组织因素、技术和对变革的抵制。

图 A.3 是几周的迭代工作成果。起初，我的研究团队直觉上认为数据实验室和工厂之间可能存在内在冲突的观点有悖常理。因此，我们没有将其纳入早期草案中。但当我们与其他专家交谈时，他们都认同这一观点。因此，它被纳入分析中。

第 3 步：完善力的分组和展示

一旦确定了要可视化的所有力，并相应地绘制在纸上或白板上，接下来就是组织和完善力场分析图（见图 A.4）。例如，你可能希望：

资源中心 1：工具包 143

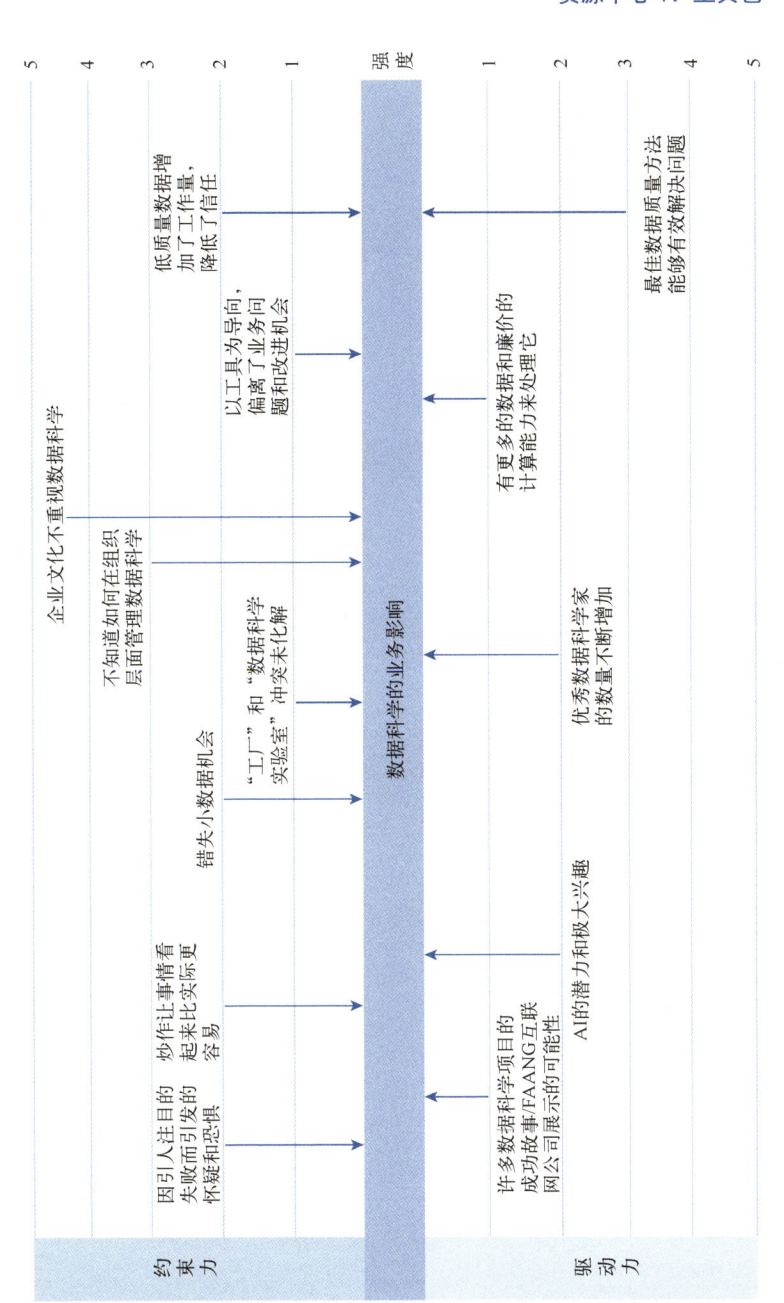

强度

约束力：
- 5 企业文化不重视数据科学
- 4 不知道如何在组织层面管理整理数据科学
- 3 错失小数据机会
- 2 "工厂"和"数据科学实验室"冲突未化解
- 2 以工具为导向，偏离了业务问题和改进机会
- 3 低质量数据增加了工作量，降低了信任

驱动力：
- 5 许多数据科学项目的成功故事/FAANG互联网公司展示的可能性
- 4 AI的潜力和极大兴趣
- 3 优秀数据科学家的数量不断增加
- 2 有更多的数据和廉价的计算能力来处理它
- 1 数据科学的业务影响
- 4 最佳数据质量方法能够有效解决问题

图 A.3　数据科学的影响（3）

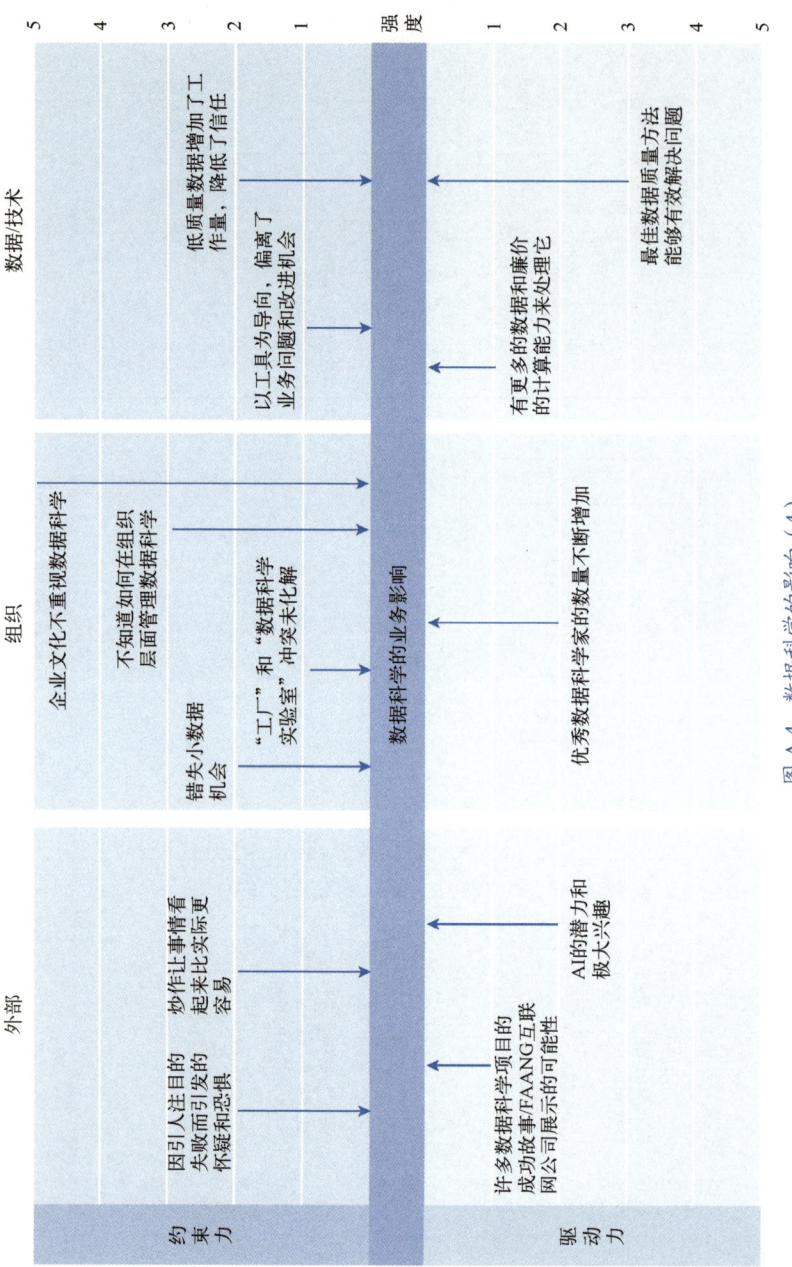

图 A.4 数据科学的影响（4）

a. 通过将相似的力组织到一个分组来简化图形。在示例中，外部因素、组织和数据/技术都是有用的分组。

b. 将直接抵消的对立力绘制在一条垂直线上。在示例中，我们绘制了与数据质量相关的对立力。

注意，影响数据科学业务价值的因素多种多样。人们可能对近期下列发展感到非常满意：数据科学家的数量肯定比以往任何时候都多得多，数据量和处理能力也比以往任何时候多和强。但也存在一系列强大的约束力，尤其是许多组织数据文化的欠缺。

该项目现已完成，当然，你应该采取下一步，弄清楚如何使用分析结果。

第 4 步：制订并执行改进流程的计划

为了实现变革，你的计划必须强化和增加驱动力，削弱和减少约束力，和/或将约束力转化为驱动力：

- 对于驱动力，询问你的团队/公司可以采取哪些措施来提高每个驱动力的强度和有效性，并推动开发新驱动力的想法。
- 为了解决约束力，请询问你的组织可以采取哪些措施来缓释它们，并防止形成新的阻碍力。
- 与力场分析过程中收集信息类似，规划阶段也会从集思广益中受益。古人云"广撒网，多敛鱼，择优而从之"，成立一个团队来完成这项工作，规划会从多类输入信息和观点中受益。

工具 B：客户需求分析——如何成为优秀的数据客户

我强调了普通员工在成为优秀数据客户方面的作用。如果你与团队一起进行，效果会更好，按照以下四步流程开始尝试。

第 1 步：弄清楚"我们真正需要知道什么数据"

这个问题需要深思熟虑，但人们常常陷入用自身已有数据凑合完成工作的境地，甚至不想去思考真正需要了解什么。从头脑风暴开始，将人们召集到一个房间里（或使用在线虚拟会议室），向他们提出问题，并将回答结果记录在所有人都可以看到的白板上。我发现小组通常会列出多达 50 个或更多需求项的详细清单。

接下来的工作是精简这份清单，筛选出十几个重要的数据需求项，可以通过逐步剔除优先级较低的需求项来实现这一目标。为了圆满地完成这项工作，你需要非常清晰地总结哪些是"最重要的数据需求"，并顺利进入下一步骤。

第 2 步：确保用清晰的语言描述这些数据需求

第 3 步：记录和充分共享前两个步骤的结果

第 4 步：将"我们需要了解的数据"与"我们实际掌握的数据"进行比较，并努力缩小差距

针对每一项具体的数据需求，我们应秉持实事求是的原则展开工作。与现有数据创建者和数据源头合作，评估他们是否可以弥补这些差距。如果不能，我们再寻找新的数据来源。

工具 C：周五下午测量——如何确定数据质量基线

周五下午测量 (Friday Afternoon Measurement, FAM) 帮助人们测量他们使用数据的质量，开展高层次的影响评估，并汇总评估结果。它的可塑性强，这意味着它可以很好地适应不同的公司、流程和数据集。完成以下步骤。

第 1 步：收集数据记录

收集你和/或你的团队最近使用或创建的 100 条数据记录。例如，如果你的团队处理客户订单，则收集最新的 100 个订单；如果你绘制工程图，就收集最近的 100 张图纸。然后，重点关注数据记录中的 10~15 个关键数据元素（或属性），并将它们整理到电子表格或大的纸张上的表格中。

第 2 步：组织沟通会议

召集两三位了解数据的专家，参加一个两小时的沟通会议。（周五下午测量的名称源于许多人在周五下午安排这类会议，这个时间工作节奏相对较慢。）

第 3 步：对数据进行评分

逐条审查记录，并用红色将明显错误标记出来。对于大部分数据记录来说，团队成员能够快速识别出错误（如拼错的客户名称或放错

栏位的数据),或确认数据无误。尽管在某些情况下,团队成员会就某个数据项的正确性进行激烈的讨论,但通常每条记录的审查时间不会超过 30 秒。

第 4 步:总结结果

首先,在电子表格中添加"记录是否完美"栏位。如果记录没有任何错误,则标记为"是";如果记录为红色,则标记为"否"。统计每栏中完美记录的数量和错误记录的数量,将生成一个与图 C.1 非常相似的表格。

2023年4月1日数据					
指标	姓名	尺寸	颜色	金额	记录数据是否完美
Record A	Jane Doe	null	浅蓝色	$129.00	否
B	John Smith	M	蓝色	$129.00	是
C	Stuart Madnick	XXXL	红色	$129.00	否
CV(100)	Alyson Heller	M	蓝色	$129.00	
错误数量	0	24	5	2	完美=67

图 C.1 高档毛衣公司销售数据"周五下午测量"总结表

第 5 步:解释统计结果

根据分析结果,"完美记录数量"如下:在小组完成的最近 100 条数据记录中,我们只正确完成了三分之二,即 100 条中的 67 条。几乎每个人都会认为这确实是糟糕的表现。

这一发现证实你面临数据质量问题,如果你愿意,你可以就此止步。然而,你还可以更深入一步研究。

第 6 步:应用十倍法则

十倍法则(Rule of Ten)作为一条经验法则,指出"当输入数据有缺陷时,完成这样一个工作单元的成本是数据完美时的 10 倍"。因此，在上面的示例中，使用这些数据的人在处理那三分之二无质量问题的数据时，无须额外工作量就可以完成任务，但在处理其他三分之一有质量问题的数据时，需要进行额外的数据更正，而这部分工作所需的成本约增加至原来的 10 倍。

举一个简单的例子，假设你的工作团队每天必须完成 100 个单位数据，并且当数据完美时每个单位的成本为 1.00 美元。如果数据都是完美的，一天的工作成本为 100 美元（100 个单位，每个单位 1.00 美元）。但如果只有 67 个单位数据是完美的：

总成本=(67×1.00 美元)+(33×1.00 美元×10)=67 美元+330 美元=397 美元

正如你所看到的，总成本几乎是数据全部完美时的 4 倍，差异可视为劣质数据的成本。大多数公司不能也不应该承受这样的成本。

第 7 步：执行改进

现在你知道自己遇到了数据问题，并了解了与之相关的成本，你可能希望做出一些实际的改进！电子表格指示哪些属性有错误，通过查看该数据，你可以了解哪些属性需要首先修复。统计每列中的错误数量，并重点关注总数最高的两三个属性。找到并消除导致错误的根本原因。在大多数情况下，你应该期望负责创建数据的人员（你的团队或其他团队，具体取决于你选择的数据）将这些改进作为其日常工作的一部分。你会发现几乎不需要额外的投资，错误率会下降，相关成本也显著降低。

工具 D：如何完成小数据科学项目

实际上，任何人都可以独立遵循第 6 章中描述的数据科学流程，然而，建议与团队一起完成。完成一个数据项目将使你看到数以百万计的小数项目机会，并使你能够更有效地与数据科学家合作。（当完成这里的步骤时，我还将指出数据科学中的重要概念——从理解变化到可视化。）

第 1 步：理解问题/制定目标

从你感兴趣甚至困扰的事情开始，比如会议总是被推迟。不管是什么，把它当成一个问题写下来："会议似乎总是开始得很晚，真是这样吗？"

第 2 步：收集数据

接下来，思考一下哪些数据可以帮助回答你的问题，并制订一个收集这些数据的计划，整理所有与收集数据相关的定义和协议。对于这个特定示例，你必须明确定义会议实际开始的时间。是有人说"好吧，我们开会吧"的时间，还是会议的真正议题开始的时间？"闲聊的时间"算不算？

现在收集数据。信任数据至关重要，并且你在收集过程中几乎肯定会发现与定义和协议间的差距。你可能会发现，即使会议已经开始，当更高级别的人员加入时，会议会重新开始。在数据收集的过程中，你会根据实际情况修改定义和协议。

第 3 步：分析数据

比想象的更快，你可以开始制作一些图。好的图表可以让你更轻松地理解数据及与他人交流要点。有很多好的工具可以帮助绘图，但我喜欢手绘我的第一幅图。我首选的是时间序列图，其中，横轴是日期和时间，纵轴是感兴趣的变量。因此，图 D.1 中的点是会议开始时间与延误分钟数之间的关系。

图 D.1 会议数据

现在回到你开始的问题并进行汇总统计。找到答案了吗？在这种情况下，"在两周内，我参加的会议中有10%准时开始。而且，这些会议的平均推迟时间是12分钟。"

不要就此停止，进而回答"那么又怎样"类问题。对于这个示例，"如果这两周会议情形是典型的，我每天都会浪费一小时，公司每年为此付出的成本是X美元。说的坦诚点，我宁愿待在家里和家人一起度过这段时间。"

许多分析因为没有进行"那么又怎样"类的追问就结束。当然，如果80%的会议在预定开始时间的几分钟内开始，那么最初问题的答案是"不，会议几乎准时开始"，并且分析无须再继续进行。

但正如一些分析所做的那样，这个案例需要进行更多分析，感受数据的变化（variation）。了解变化可以更好地了解问题整体、获得对它更深入的洞察和新颖的改进思路。注意图上会议推迟8~20分钟的情况很常见，少量会议准时开始，其他会议则推迟近30分钟。如果有人能够预判，"我可以晚到10分钟参加会议，正好赶上会议开始"，这可能会更好，但变化太大。

现在问："数据还揭示了什么？"令我印象深刻的是，有五次会议准时开始，而其他会议则至少推迟了七分钟。在这个示例中，从会议记录可以看出，所有这五次会议都是由财务副总裁召集的，显然他准时开始这些会议。

第4步：组织调查发现/展示结果

第5步：将发现付诸实践并提供支持

既然如此，下一步何去何从呢？接下来有重要的步骤吗？这个例子说明了一个常见的二分法。在个人层面上，结果要同时满足"有趣"和"重要"两个标准。我们大多数人愿意付出一切来换取每天能多出一小时的时间。你可能无法让所有会议按时开始，但如果副总裁能做到，你当然可以按时开始你召集的会议。你可以与你的团队分享你的结果，并要求他们和你一起准时启动会议。继续收集数据，看看会议进展如何。

这样就完成了该项目。同时，它也带来了更多有趣的问题。在公司层面，迄今为止的结果仅达到了"有趣"的标准。你不知道结果是否具有典型性，也不知道其他人在开始会议时是否会像副总裁一样强势。但深一步研究肯定是有必要的。你的分析结果与公司其他人的经历一致吗？有些日子比其他日子更糟糕吗？电话会议和面对面会议哪个稍后开始？会议开始时间和最高级别参会者之间是否存在关系？返回步骤 1，提出下一组问题，然后重复这个过程。保持聚焦——最多两三个问题。

工具 E：伟大决策者的特征——如何成为更好的决策者

健康的人遵循某些习惯，如正确饮食、充分锻炼、不吸烟等。同样，伟大的决策者也会遵循某些习惯。你可以根据这些习惯来评估自己，并学习养成新的习惯，从而成为更好的决策者。

第 1 步：确定你的决策能力基线

请按照以下规则为自己打分：对于你一贯保持的习惯给 1 分，最常（但不是全部）遵循的习惯给 0.5 分，完成下面的清单。对自己的要求要严格一点。如果你只能举一两个例子，就不要给自己任何分数。

评估项	分数
我会尽可能将决策权下放至最低层级。	
我会尽可能为任何情况提供多样的数据和不同观点。	
我使用数据来更深入地了解业务背景和面对的问题。	
我欣赏变化。	
我对不确定性的处理相当好。	
我把对数据及其可能的影响的理解与我的直觉结合在一起。	
我认识到高质量数据的重要性并投资于改进质量。	
我会进行良好的实验和研究来完善现有数据和解决新问题。	
我认识到决策标准可能会因场景发生变化。	
我意识到做出决策只是第一步——我们必须执行它。随着新数据的出现，我会修改决策。	
我努力学习新技能并将新的数据和数据技术带入我的组织。	
我从错误中吸取教训并帮助他人也这样做。	
我努力成为数据方面的榜样，与领导者、同事和下属合作，帮助他们成为数据驱动型的人。	
	总分

第 2 步：制订改进计划

无论你的得分如何，重要的是需要不断进步。因此，设定一个目标，每年将一两个新习惯纳入你的年度决策清单中。每六个月进行一次测试，以确保你正在按照既定的计划行事。

第 3 步：认识危机并采取行动

如果你的得分低于 7 分，就必须加快速度行动起来。首先针对那些你给予自己部分信任分数的行为，并努力将这些习惯完全融入你的日常工作中。然后在你已经取得成功的基础上，瞄准那些你无法给予自己任何信任分数的领域继续努力。

与同事或整个团队携手完成这项练习，或许能带来更大帮助。这样，大家就能共同进步。

工具 F：如何建立和管理数据供应链

数据供应链管理周期如图 F.1 所示。作为咨询师，我发现它在帮助公司整理和改进复杂的数据流方面是无与伦比的。它源于实物供应链的管理方法。下面是每个步骤的简要说明。

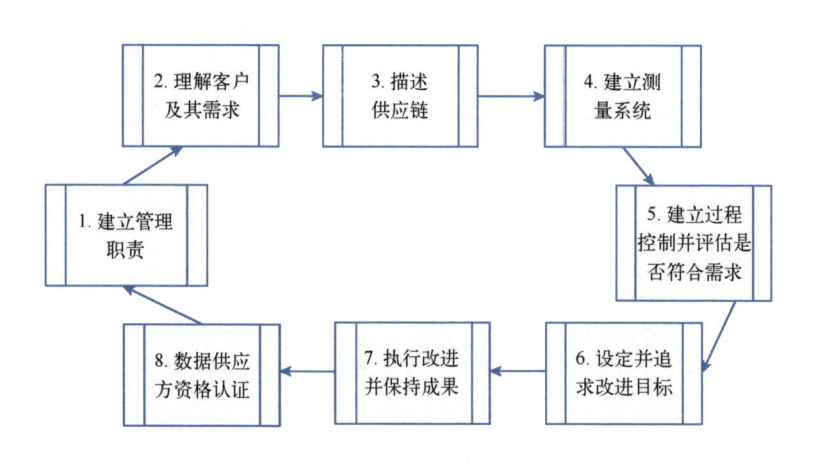

图 F.1　数据供应链管理周期

第 1 步：建立管理职责

首先，任命一名"数据供应链经理"，并从每个相关部门（包括整个供应链的外部数据源）招募管理团队成员。嵌入式数据管理人员是极佳的候选者。接下来，将与数据共享和所有权相关的问题放在首要核心位置。大多数数据问题都会迎刃而解，因为很少有管理者愿意在同事面前对共享数据采取强硬立场。

第 2 步：理解客户及其需求

识别并记录创建和维护数据产品所需的数据，以及相关成本、时间和质量需求。

第 3 步：描述供应链

绘制一个数据流程图，来描述数据的创建点/原始数据源，以及数据产品中采取的数据迁移、增强和分析等步骤。

第 4 步：建立测量系统

一般来说，工作思路是针对数据是否满足客户需求程度进行测量。可以从测量数据准确性开始，也可以从数据创建点到整合，再到数据产品所消耗的时间开始。质量测量方法将根据每个数据产品供应链有所变化。

第 5 步：建立过程控制并评估是否符合需求

使用第 4 步的测量系统来控制数据供应过程，确定它对第 2 步所述需求的满足程度并找出差距。

第 6 步：设定并追求改进目标

设定目标以缩小当前数据供应效率与客户需求之间的差距。调查供应链的各环节以识别需要改进的内容，并确定第 5 步中发现的差距在第 3 步流程图中的源头位置。

第 7 步：执行改进并保持成果

确定并消除第 6 步识别的差距根本原因，必要时可返回到前面步骤。一旦消除了差距，请确保根本原因不会再次出现。

第 8 步：数据供应方资格认证

公司将持续与更多外部数据供应方建立合作关系，并致力于识别那些能稳定提供高质量数据的供应方，这对业务至关重要。通过对数据供应方的数据质量工程进行审计,我们可以有效筛选出合格的供应方,并同时发现不合格供应方存在的不足之处。

工具 G:如何在企业层面管理数据科学

数据科学必须作为一个周期或连续循环进行管理,如图 G.1 所示。它存在于组织及其整体业务战略的背景下。业务战略决定了需要完成的任务,并为数据科学之桥提供了宏观的指导方向。这个方向的要素可能相当广泛,包括期望的竞争定位、财务目标、"数据科学实验室"的创新机会以及"工厂"的具体改进目标。然后实施和管理数据科学项目,将项目结果——当然是成功,但也有失败——反馈到企业的整体环境中,并应作为企业战略调整的重要参考。这样就完成了一个循环。

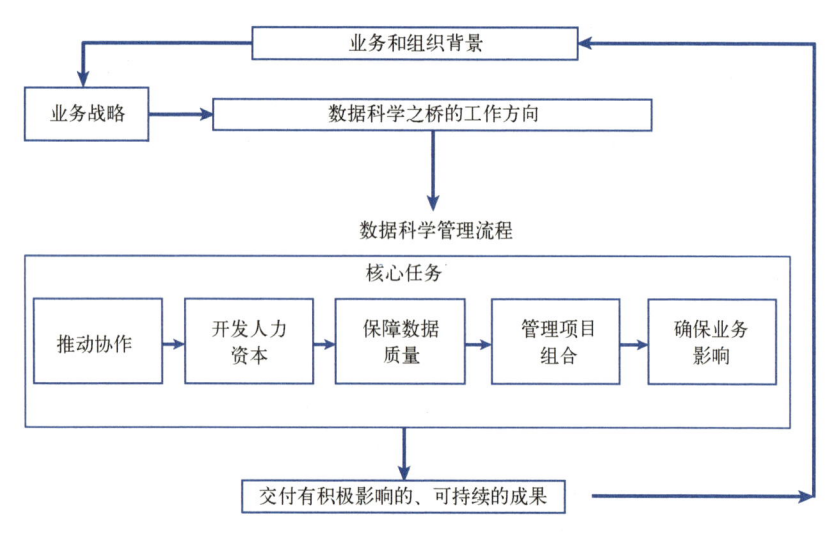

图 G1 数据科学管理流程及其业务背景

该流程由五个核心任务或子流程组成:

任务 1:推动整个组织内部与数据科学相关的团队间协作

大多数公司应该从这项任务开始。数据科学是一项团队活动,若缺乏团队合作,成果往往不尽如人意。

任务 2：开发达成数据科学目标所需的人力资本

重要的是，团队构成需要涵盖数据科学家、作为"小数据"科学家的普通员工，以及承担大量工作的其他贡献者。

任务 3：保障数据质量

大多数数据科学团队都意识到数据质量的重要性，并投入很大一部分精力来处理日常遇到的质量问题。然而，数据科学家在组织架构上与数据创建者的职能是分开的，因此他们在评估质量方面不具有优势，更不用说改进质量了。更复杂的是，随着模型移交给"工厂"，质量问题从用于训练模型的历史数据扩展到用于日常模型运行的新创建数据。

数据科学之桥必须帮助解决这些质量问题。它必须帮助建立起数据供应链，以确保模型开发和生产运行中的数据质量管理责任清晰明确，数据质量标准、制度、规程和工具都已到位，并且数据科学家、外部数据供应方和员工都要遵循这些标准、制度和规程。

任务 4：管理项目组合

监督所有项目比管理单个项目要复杂得多，特别是当许多小数据项目与更大、更复杂的数据项目一起实施时。项目组合管理包括许多艰巨的任务，譬如确定给哪些潜在项目提供经费、给项目团队分配数据科学家和工厂人员，以及取消显然不会达到预期目标的项目等。

任务 5：确保数据科学对业务产生积极影响

该子流程旨在将研发模型技术的数据科学实验室与部署模型的工厂整合在一起。

工具 H：如何评估是否能够成功开发并传播通用语言

成功开发并传播通用语言需要付出大量工作。领导这项工作的人应该根据以下标准对其组织进行重点评估。

紧迫感

1. 紧迫感：组织各层级员工必须能够解释为什么需要通用语言。

长远思考

2. 愿景：对预期状态及其所带来益处的清晰的文字描述或图形展示。

3. 清晰明确的目的及共同业务目标：必须明确阐述并商定长期业务目标。

人员、流程和架构

需要以下内容：

4. 一位高级别的管理人员（如通用语言主管）：具有权力、威信和高水平，能够阐明/宣讲业务案例、设定工作方向、消除障碍、提供资源、协调他人以及参加招募成员。

5. 持之以恒的变革领导者：负责提出通用语言需求，对工作坚持不懈，不达目的誓不罢休，定义业务案例和愿景，能够劝服他人，在所有参与者之间建立牢固的合作伙伴关系，提供实施通用语言的方法，并交付承诺的业务收益。

6. 一套定义良好的工作流程：选择合适的人员参与并管理图 H.1 中描述的工作。

7. 具备熟练技能的员工：

需要的角色包括：

a. 数据模型师，可以清晰阐明构成通用语言基础的基本概念。

b. 数据定义者，可以编写清晰的定义。

c. 负责的业务经理，既代表部门利益，又能够协作共赢，实现企业的目标。

d. 流程经理，负责协调各项工作。

e. 执行者，确保遵循使用通用词汇，特别是在数据库、计算机系统和应用程序研发中。

f. 沟通者，可以与组织的其他成员、供应商等沟通这些通用概念。

8. IT 部门和所有业务部门都必须做出贡献：每个部门都必须指定一名负责的管理人员，其有权代表部门发言和表达部门需求。

采纳和发展

9. 采纳：通用语言必须融入组织、工作流程和数据架构的日常词汇中。在开发和购买新系统和应用程序时必须得到遵守。

10. 发展：随着业务的增长和变化，组织必须有能力纳入新概念和/或术语，并删除那些不再重要的概念和/或术语。

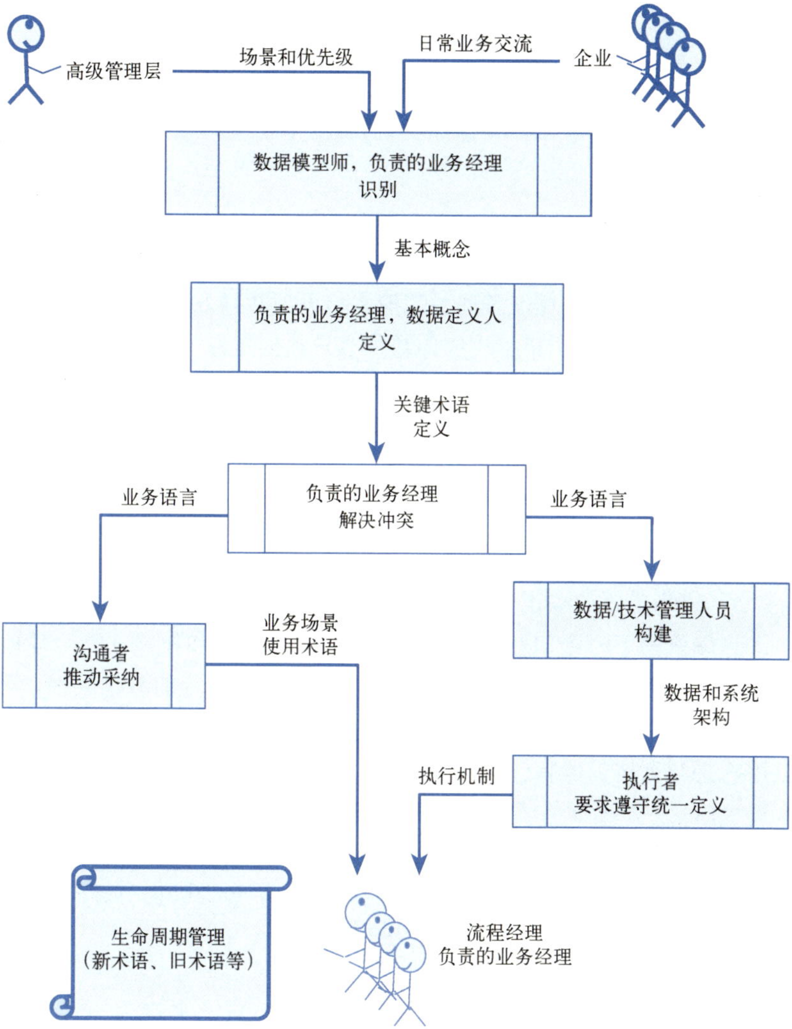

图 H.1 开发并传播通用语言

资源中心 2：

普通员工数据培训课程

正如第 3 章所描述，普通员工应承担五项数据方面的具体职责：

1. 成为在数据质量工程中的数据客户和创建者。
2. 成为在流程改进中的"小数据"科学家。
3. 成为在大型数据科学、人工智能、数字化转型和其他货币化项目中的合作者、客户和数据创建者。
4. 成为公司数据资产的守护者，尤其在理解和遵守数据隐私和数据安全政策方面。
5. 成为更好的决策者。

这就引出了一个问题："他们必须具备哪些知识和技能才能合理地履行这些职责？"这部分资源中心推荐了三门数据课程的教学大纲，它回答了这个问题。个人可以用它来整理自己需要的培训内容，公司可以用它来制订培训课程计划（请注意，我公司提供大部分此类培训）。它还提出了一些意见和有关培训的建议。

免责声明：这些课程对于全职数据专业人员来说是不够的。根据具体培训计划，公司很可能需要在数据质量、元数据管理、数据隐私、数据安全和数据科学方面拥有深厚专业知识的人才。

第一门数据课程

第一门数据课程包含七项"数据技能"，这些技能已经很重要，而且会变得越来越重要。我将它们比作随着工业时代的发展而变得越来越重要的阅读基础技能，以及从 20 世纪 90 年代中期开始变得越来越重要的计算机基础技能。这些技能构成了第一门数据课程。每个人都需要这些技能！

结业后，普通员工和嵌入式数据管理人员应该能够：

A：遵循相关数据政策

1. 了解并遵守公司有关数据安全、隐私、保留和销毁的规定。

B：为提升数据质量做出贡献

2. 理解高质量数据的构成、消除数据错误根本原因的重要性，以及他们在这些工作中承担的角色：

a. 成为一个好的数据客户：梳理他们在工作中如何使用数据，并与数据来源方沟通数据需求，通过与数据创建者和数据来源方合作来获得高质量的数据。

b. 成为优秀的数据创建者：了解客户需求并参与数据质量改进工作。

c. 使用客户-供应商模型来理解数据流，并建立数据创建者和客户之间的关系。

d. 培养对劣质数据的敏锐嗅觉（例如，在面对"桥梁封闭"标志时不要被"继续直行"的指示所误导）——如果发现有什么数据"感觉不对劲"，就指出来。

3. 使用周五下午测量方法（如工具 C 所示）进行简单的数据质量测量。

C：在工作中应用数据和数据科学

4. 了解日常工作中使用的数据和描述性统计：

a. 什么是数据（datum）（注意：这里我明确指的是数据的单数形式）。

b. 平均值和百分比是什么，为什么它们很重要。

c. 识别试图"用统计数据误导"的行为，和/或做出没有数据支持的推断。

5. 清晰地阐明感兴趣的（业务）问题，收集有关该主题的一些基本数据，进行一些简单的统计和图形总结，并得出结论。"这些任务"包括：

a. 定义问题。
b. 定义一些与该问题有关的数据。
c. 建立收集数据的方法。
d. 收集数据。
e. 制作时间序列图。
f. 制作帕累托图。
g. 计算平均值。
h. 得出结论。
i. 提出后续问题（合并到下一个技能中）。

6. 理解并应用科学方法，对数据深入挖掘以：

a. 更深入地了解"到底发生了什么"。
b. 寻找导致数据问题的根本原因，有时我称之为"翻开石头，看看下面有什么"。
c. 剔除好的或坏的、令人难以置信的结果。

7. 使用数据讲述一个引人入胜的故事/描绘工作环境中重要事情的一张图片。使用合适的图来突出要点。

第二门数据课程

第二门数据课程涵盖了在第一门数据课程基础上进一步拓展的七项技能。我很难断言所有员工都迫切需要掌握这些技能。但对于嵌入式数据管理人员来说，现在需要它们，而且我预计对这些技能的需求将会持续增长。拥有这些技能的人以及拥有这些人员的公司，将能够发挥更大的作用。

结业后，普通员工和嵌入式数据管理人员应该能够：

D：领导团队层面的数据质量工作

8. 领导数据质量改进项目和团队。

9. 在适当的情况下了解并使用控制图。在团队工作的环境中定义和实施其他简单的质量控制。

E：开展更高级的数据科学项目，工作洞察更深入

10. 理解并应用相关性分析与因果关系分析之间的区别，以及对已发生事件的描述分析与对将要发生事件的预测性分析之间的区别。

11．理解变化和不确定性，并应用在工作中。

12．理解"已发生的事情"和"对未来的预测"之间的区别。做出简单的预测并理解更复杂的预测。

13．理解回归分析，以及如何在工作中应用回归分析。

F：无论是个人还是团队成员，都能成为更好的决策者

14．为你单独做出及与他人一起做出的决策提供更多数据。理解如何在数据不足时，将"已有数据"与直觉判断有效融合，并努力做出数据驱动的决策。

第三门数据课程

第三门数据课程建立在前两门数据课程的基础上。

结业后，受训者应该能够：

G：使用更高级的数据科学

15．与数据分析师、统计师、数据科学家和其他人合作：

a．在团队的工作中实施更复杂的分析和模型。

b．通过提出更尖锐的问题从分析和模型中获取更多尖锐的问题。

c．知道什么时候超出了分析和模型的能力范围，避免提出超出分析和模型能力范围的观点，并知道如何寻求专家的帮助。

16．整合新数据与旧数据，并据此调整工作计划和决策。

17．不要被更复杂统计的假数据所欺骗，尤其是那些让事情看起来比实际情况更好或更糟的统计数据。

18．培养对风险的认知，包括不确定性和损失程度。将这种认知与潜在收益结合起来。

19．了解何时需要进行良好的实验，并理解实验中"控制"和"随机化"概念。

20．使用力场分析（如工具 A 所示）更深入地理解驱动力和约束力之间的相互作用。

实施这些培训

任何浏览过上述课程的经理都会说："天哪，内容太宽泛了。我们将如何实现这一目标？能承担得起吗？"

我的反应如下。首先，实施这些培训将需要很长时间并且花费大量资金，这一事实无须粉饰。在我看来，太多公司长期以来对员工的培训投资不足。不可否认的是，对员工进行任何技能转型类培训费用高昂，更不用说像数据这类基础技能。因此，要坚定不移，在投资时要保持理智，切莫吝啬于对人才培训的投资。正如一位前任老板告诫的那样："如果你认为教育培训成本太高，那就考虑一下无知的代价。"

多年来，我为许多数据教育培训项目提供了建议并参与其中。这期间我学到了很多东西。以下摘录了一些主要观点。

首先，你应该培训嵌入式数据管理人员和高层领导。嵌入式数据管理人员对数据的恐惧较少，并且当他们掌握培训知识后，可以很好地帮助其他人。培训高层领导虽然比较困难，但尽早开始培训至关重要。另一个很好的起点是新员工培训。前述海湾银行在员工入职时会安排一小时的培训，介绍新员工作为数据客户和数据创建者的职责。这不仅有效，而且从一开始就传达了公司对数据的重视。

其次，重要的是要记住许多人害怕数据。事实上，有些人欣然承认"统计学是我在大学里最不喜欢的课程"和/或即使是最基本的分析也让他们感到灰心。你必须尽一切努力认可并解决这种恐惧。特别是，第一门数据课程应由最好的讲师授课，课堂授课人数最好不超过25人。

再次，大多数人在看到所学内容与工作或家庭生活相关性时，他们的学习效果会显著提升。因此，所有课程都应提供与"日常工作"相关的示例，供学员应用课程中掌握的技能。使用课堂完成的练习来开发更多的示例。此外，人们在工作中使用 Excel、Tableau 和其他工具，因此培训应该尽可能使用这些工具（尽管我对工具持中立态度）。

基于这一点，我自己（和许多其他人）对"理解数字"的美丽、力量和乐趣感到敬畏，通过利用数据来更多地了解世界、解决问题并为更大的工作做出贡献。我希望尽可能多的人能够看到这种美丽，使用这种力量并感受到这种快乐。因此，我希望本课程能够传达基本概念的简单性，帮助学员建立信心，并提供人们在整个职业生涯中可以使用的"首选"参考。最重要的是，我希望培训变得更加有趣！

扩展阅读：数据素养

我不青睐"数据素养"这个词。在我长大的地方，"文盲"意味着"愚蠢"，我不喜欢将这种含义应用于那些从未有机会学习的人。相反，我更喜欢"数据精通（data savvy）"这一表述，它适用于个人和公司。

最后，基于计算机进行线上培训。诚然，高质量的现场培训无疑是最为理想的选择，但费用很高。更重要的是，合格培训师数量有限，难以满足广泛的需求。因此，基于计算机的线上培训可能是你的唯一选择。考虑到实战案例对于培训效果的重要性，大型企业应考虑委托培训，结合公司实际情况选择最合适的培训师。